Die Exportmöglichkeiten der deutschen Maschinenindustrie

von

Fritz Reuter

Mit einem Geleitwort
von
Ludwig Bernhard
ord. Professor der Staatswissenschaften
an der Universität Berlin

Mit 10 Textabbildungen

Berlin
Verlag von Julius Springer
1924

ISBN-13:978-3-642-89269-1   e-ISBN-13:978-3-642-91125-5

DOI: 10.1007/978-3-642-91125-5

Geleitwort.

Nachdem der Krieg und die Bestimmungen von Versailles die handelspolitischen Beziehungen Deutschlands zerrissen hatten, haben viele Staaten Deutschland gegenüber eine wirtschaftliche Sonderpolitik getrieben, um sich gegen den deutschen Wettbewerb zu schützen, oder um irgendeinen Vorsprung zu erlangen. Diese mannigfachen Sondermaßnahmen des Auslandes liegen nur zum Teil klar zutage, zum Teil sind sie dadurch verhüllt, daß man sie in allgemeine Vorschriften (z. B. Dumping-Bestimmungen) gleichsam eingebettet hat.

Alle handelspolitischen Erwägungen und Verhandlungen leiden heute darunter, daß ein exakt gezeichnetes Bild der so entstandenen unübersichtlichen Situation bisher fehlt. Es existiert für keine einzige deutsche Industrie eine Darstellung, die so gutes und zweckmäßig gruppiertes Material enthält, daß sie als wissenschaftliche Grundlage für handelspolitische Verhandlungen dienen könnte.

Dieses Buch schafft hierin Wandel: Mit Hilfe einer eindringenden und ordnenden Methode wird gezeigt, wie die handelspolitischen Systeme des gesamten Auslandes in die deutsche Maschinenindustrie eingreifen, in diejenige Industrie also, die im deutschen Export durchaus die Führung hat. So erhalten wir eine belehrende Darstellung für den, der sich über die wirtschaftliche Lage informieren will, und zugleich ein zuverlässiges Handbuch für den erfahrenen Praktiker.

Berlin, im Juli 1924.

Ludwig Bernhard
ord. Prof. d. Staatswissenschaften
an der Universität Berlin.

Inhaltsverzeichnis.

Einleitung.

Die Bedeutung des deutschen Maschinenbaues für die deutsche Wirtschaft.

Bevor wir mit der Bearbeitung der uns gestellten Aufgabe beginnen, erscheint es uns nicht unangebracht, kurz auf die Bedeutung des Industriezweiges hinzuweisen, der Gegenstand dieser Untersuchungen sein soll. Der ständig zunehmende Ausbau der Organisation des deutschen Maschinenbaues, insbesondere die damit verbundenen statistischen Arbeiten ermöglichen es, die Bedeutung des deutschen Maschinenbaues vor allem ziffernmäßig zu belegen. Die Zahl der Beschäftigten im Maschinenbau konnte zu Beginn des Jahres 1923 auf 750000 Personen geschätzt werden[1]). Für die anderen Hauptzweige des Gewerbelebens liegen seit der amtlichen Zählung im Jahre 1907 keine zuverlässigen Angaben vor, ein Vergleich mit ihnen ist also nicht möglich. Immerhin ist der Maschinenbau an erster Stelle zu nennen, und höchstens die Nahrungs- und Genußmittelindustrie, vielleicht die Bekleidungs- und Textilindustrie laufen ihm, was die Zahl der beschäftigten Personen anbelangt, den Rang ab. Die Beschäftigten im Maschinenbau sind in einem außerordentlich hohen Maße hochwertige Arbeitskräfte. Durchschnittlich entfallen auf 100 Beschäftigte 17 Angestellte und auf 100 Arbeiter 46 Facharbeiter mit mehrjähriger geregelter Lehrzeit. — Der Anteil des Maschinenbaues an der deutschen Ein- und Ausfuhr läßt sich annähernd bestimmen. Schon vor dem Kriege war die Anteilsquote der Maschineneinfuhr an der deutschen Gesamteinfuhr sehr gering. Sie betrug im Durchschnitt der Jahre 1909/13 etwa 76000 t (= rd. 16 % der durchschnittlichen Maschinenausfuhr in derselben Zeitspanne).

Während des Krieges und nach dem Kriege bis zur Gegenwart zeigte es sich, daß die deutsche Maschinenindustrie in der Lage ist, den deutschen Innenbedarf an Maschinen vollkommen zu decken. Neben der dadurch entstandenen weiteren Verringerung der Maschineneinfuhr gelang es dem Maschinenbau, den Export von Maschinen nach dem Kriege wieder auf eine beträchtliche Höhe zu bringen. Er betrug im Jahre 1922 rd. 491000 t und war damit der Ausfuhr des Jahres 1913,

---

[1]) Vgl. Geschäftsbericht des V. d. M. A. 1922, und Ter Mer: Die Bedeutung des deutschen Maschinenbaues, Hanomag Nachr. u. V. d. M. A. Drucksache Nr. 4.

die 596 000 t betragen hatte, wieder nahe gekommen[1]). Bezüglich der
Ausfuhr der unbestritten hochwertigen Erzeugnisse des Maschinenbaues
darf nicht vergessen werden, darauf hinzuweisen, daß durch ihn relativ
geringwertige, größtenteils vom Ausland bezogene Rohstoffe verarbeitet
und als Fertigfabrikat auf den Weltmarkt geworfen werden, ein Moment,
das in erster Linie geeignet erscheint, die deutsche Zahlungsbilanz zu
bessern.

Das Gewicht der Erzeugung des Maschinenbaues muß im ganzen
für das Jahr 1922 auf 2—2,500 000 t geschätzt werden.

Die Wichtigkeit des Maschinenbaues kann man nicht allein durch
Zahlen darlegen, man muß sich auch einmal kurz vergegenwärtigen,
welche Aufgaben er zu bewältigen hat. — In der Tat, sein Arbeitsfeld ist
von enormer Ausdehnung. Gibt es doch kaum einen Zweig in unserm
Wirtschaftsleben, der nicht in irgendeiner Beziehung zum Maschinenbau
steht, sei es, daß der Maschinenbau für ihn liefert, oder sei es, daß er
als Abnehmer für ihn auftritt. In unendlich großer Verschiedenheit
ist es immer wieder die eine Aufgabe, die die deutsche Maschinenindustrie zu lösen hat: mit geringsten Mitteln, mit geringstem Auf-
wand an Werkstoffen, Menschen- und Maschinenkraft den in Aussicht
genommenen Zweck zu erreichen. So einfach dieser dem ökonomischen
Prinzip entsprechende Grundsatz sich in kurzen Worten darlegen läßt,
um so schwieriger ist seine Ausführung. Die Vielgestaltigkeit der Aufgaben erfordert ein Heer von Ingenieuren, die ihre Konstruktionen
immer wieder unter diesem Gesichtswinkel zu prüfen haben. — Es
wäre müßig, im Rahmen einer Einleitung auf die einzelnen Schwierigkeiten einzugehen, vielmehr genügt es, sie erwähnt zu haben.

Zweck der folgenden Kapitel ist es nun, an Hand verschiedener
Wirtschaftszahlen und Kurven den Stand der deutschen Maschinenindustrie und ihrer Hauptkonkurrenten vor und nach dem Kriege dar-
zulegen. Eine kurze Schilderung der Wirtschaftspolitik jedes der im
folgenden behandelten Länder seit 1919 sowie ihre jetzige Stellungsnahme Deutschlands Handel gegenüber bezwecken, an Hand dieser
Unterlagen die Bedeutung der einzelnen Länder für den deutschen
Maschinenexport festzustellen. Sie sollen aufdecken, welche Höhe der
Entwicklungsstufe die deutsche Maschinenausfuhr bereits erreicht hatte,
welche Aufgaben sie also jetzt noch zu bewältigen hat.

Mit diesen zum Teil entwicklungsgeschichtlichen Ausführungen ist
der Rahmen gezimmert, in dem dann die verschiedenen Spezialuntersuchungen über die Exporterschwerungen und Exportmöglichkeiten
eingepaßt werden.

---

[1]) Der Einfluß des Ruhreinbruchs im Jahre 1923 und die krankhaften
Erscheinungen, die er zeitigte, lassen das Jahr 1923 für allgemeine Ver-
gleichsziffern nicht geeignet erscheinen. Die aus dem Ruhreinfall für den
Maschinenbau entstandene Lage wird in einem besonderen Kapitel (III. Kap.,
Frankreich) geschildert.

Erster Teil.

Wirtschaftspolitischer Überblick.

I. Die Vereinigten Staaten von Nordamerika.

Deutsche Maschinenausfuhr nach den Vereinigten Staaten.

Unter den maschinenbauenden Ländern waren es vor allem die Vereinigten Staaten von Nordamerika, England und Frankreich, mit denen Deutschland um die Eroberung des Weltmarkts für Maschinen zu kämpfen hatte. Betrachten wir daher zuerst einmal den großen Konkurrenten Deutschlands jenseits des Ozeans: Amerika.

Jahr	t
1913	9617
1920	2316
1921	2165
1922	5112
1923	4000[2]

Seit 1828, kann man sagen, unterliegt auch die Wirtschaftspolitik der Vereinigten Staaten der Monroedoktrin[1]). Es begann um diese Zeit unter einer mehr oder minder intensiven Schutzzollpolitik der riesenhafte wirtschaftliche und industrielle Aufschwung des Landes. Folgende Zolltarifdaten sind zur Illustration zu nennen[3]).

1828: Stark erhöhter Schutzzoll.
1829: Fast freihändlerischer Tarif (durch Wahlsieg der Südstaaten). Folge: wirtschaftlicher Niedergang.
1842: Dem Niedergang folgten Prohibitivzölle.
1860: Sezessionskrieg: weitere Erhöhung der Zölle, um Kriegskosten zu bezahlen.
1890: Berüchtigt hoher Kinleytarif mit Kontrolle der Wertangabe.
1894: Ermäßigter Wilsontarif.
1897: „Dingley Bill" mit hohen Fabrikatzöllen.
1909: „Payne Bill": weitere Erhöhung.
1913: Sieg der Demokraten, „Underwood Bill": Ermäßigung der früheren Sätze.
1922: Starke Unterteilung der durch ihn erfaßten Erzeugnisse.

Die handelspolitischen Beziehungen Amerikas in Deutschland waren vor dem Kriege deutscherseits durch ein Gesetz vom 5. Februar

---

[1]) Vgl. Kjellen: Die Großmächte der Gegenwart, Kapitel: Amerika. Leipzig und Berlin 1917.

[2]) Die Zahlen für das Jahr 1923 konnten infolge des Ruhreinbruches und der dadurch entstandenen Störung in der genauen Erfassung der ausgeführten Mengen nur annähernd nach den monatlichen Nachweisen, den Handakten und privaten Statistiken geschätzt werden.

[3]) Vgl. Horstmann: Handelsverträge und Meistbegünstigung. Berlin 1916, S. 20/21.

1910 geregelt, auf Grund dessen der Bundesrat ermächtigt wurde, in angemessenem Umfange die zugestandenen Zollsätze der geltenden Handelsverträge auch für die amerikanischen Waren zuzulassen. Einer Proklamation des Präsidenten der Vereinigten Staaten zufolge wurde daraufhin Deutschland der Mindesttarif bewilligt. Trotz der ausgesprochenen schutzzöllnerischen Tendenzen war Amerika ein guter Käufer deutscher Maschinen, und Deutschlands Maschineneinfuhr nach den Vereinigten Staaten war trotz aller Erschwerungen durch die oben skizzierte Zollgesetzgebung fast stetig gestiegen. In der amerikanischen Einfuhrstatistik nahm Deutschland die zweite, Großbritannien die erste Stelle ein. Amerikas Maschineneinfuhr erreichte, nimmt man den Durchschnitt der Jahre 1908—10, den Wert von 60 Mill. M.[1]), an welcher Summe Deutschland mit einem Viertel, Großbritannien mit einem Drittel beteiligt waren. Insonderheit wurden in Amerika eingeführt:

1. **Kraftfahrzeuge** für 16 Mill. M., davon je $^1/_6$ aus Deutschland und Italien, ½ aus Frankreich.

2. **Stickmaschinen** für 5 Mill. M., davon für 3 Mill. M. aus England, für etwas über 1 Mill. M. aus Deutschland.

3. Andere Maschinen, meist **Sondermaschinen**, für 35 Mill. M., zur Hälfte aus Deutschland und England.

Die scharfe Konkurrenz der Vereinigten Staaten gegenüber Deutschland tritt zutage in der Höhe ihrer Maschinenausfuhrziffer von 362 Mill. M. (1913), von welcher Summe 24 Mill. M. auf Deutschland entfallen. Die enorme Steigerung der amerikanischen Maschinenausfuhr von 1910—22 zeigen folgende Daten:[2])

Jahr	Wert in Dollar	Wert in Mill. M. rund
1910	49 117 620	206
1913	88 058 604	362
1915	73 264 575	307
1919	284 678 786	1197
1920	324 252 357	1362
1921	208 798 201	876
1922	112 288 922	471

Die Motive, die Amerika zum Eintritt in den Weltkrieg bewogen, sollen hier nicht näher erörtert werden. Es ist der einzige Staat, der durch den Krieg unschätzbare Vorteile errungen hatte. Sie lassen sich kurz kennzeichnen:

1. in der Erstarkung seiner Handels- und Kriegsflotte;

2. Amerika wurde der Gläubiger der ganzen Welt;

3. Industrie und Handel blühten mächtig auf.

Nach dem Kriege war es das Bestreben der Regierung und der Industrie, die Hochkonjunktur aufrechtzuerhalten, die Betriebe umzuschalten und sich vor auswärtiger Konkurrenz zu schützen. Im Jahre

---

[1]) Um uns ein Bild über den Wert der Vorkriegsausfuhr und -einfuhr von Maschinen bei den verschiedenen Ländern zu machen, geben wir in der Schilderung die Vorkriegswerte an. Soweit keine Jahreszahl angegeben ist, sind sie die Durchschnittswerte der Jahre 1908—10 und den trefflichen Ausführungen Dipl.-Ing. Froelichs: Die Stellung der deutschen Maschinenindustrie im deutschen Wirtschaftsleben und auf dem Weltmarkte entnommen. Technik und Wirtschaft 1914. 7. Jg. H. 8 (Sonderheft).

[2]) Commerce Yearbook 1922. Including Early Part of 1923. Herausgegeben von United States Department of Commerce, 1923.

1919 wurde ein neuer Zolltarif vorbereitet. In ihm spielte die Art der Wertverzollung eine große Rolle (entweder Verzollung nach dem amerikanischen Marktwert — american valuation — oder nach dem Wert im Herkunftsland — home valuation). Er trat vom 20. zum 21. September 1922 in Kraft. Das „Joint Comittee", bestehend aus fünf Mitgliedern des Senats und Repräsentantenhauses, hatte sich schließlich für „home valuation" entschieden. Allerdings sind für die deutsche Maschinenausfuhr die Sektionen 201/202 des Notstandtarifgesetzes vom Jahre 1921 besonders bedeutsam, nach welchen — unseres Wissens noch heute — bei allen eingeführten Erzeugnissen, deren Ausfuhrverkaufspreis geringer ist als der Auslandsmarktwert, außer den tarifmäßigen Zöllen noch ein besonderer Dumpingzoll in Höhe des ermittelten Unterschiedes erhoben wird. — Deutschland hatte bislang keinen Anspruch auf Meistbegünstigung. Es kann durch die oben dargelegte Bestimmung in seiner Maschinenausfuhr ganz empfindlich getroffen werden; zudem ist es gegenüber England, Frankreich, Belgien—Luxemburg, der Schweiz, Spanien, Italien, der Tschechoslowakei und Kanada benachteiligt, da diese Länder alle mit den Vereinigten Staaten in einem Vertragsverhältnis stehen und das Recht der Meistbegünstigung genießen. Ein neuer, auf zehn Jahre geschlossener deutsch-amerikanischer Handelsvertrag, dessen Ratifizierung noch aussteht, enthält auch für Deutschland diese wichtige Klausel.

Besonders bezüglich des Maschinenbaues ist eine scharfe Konkurrenz amerikanischer Exporteure an Plätzen, die sonst Deutschland belieferte, bemerkbar, und unsere Konsuln in Mailand, in Barcelona und Lissabon klagen heftig über die Schwierigkeiten für deutsche Unternehmer, wieder ins Geschäft zu kommen[1]). Das amerikanische Handelsamt unterstützt gerade die Maschinenindustrie auf das kräftigste. So hat es 1922 eine besondere, in gewissem Maße selbständige Abteilung eingerichtet, „The Industrial Machinery Division", welche die Ausfuhr des heimischen Maschinenbaues tatkräftig unterstützen soll[2]). Zur Leitung berief man neben Ingenieuren auch Maschinenexporteure, die auf Grund langjähriger Erfahrungen vertraute Kenner des südamerikanischen und asiatischen Marktes waren. Hierin liegt ein bedeutsamer Hinweis, welche Richtung die weltwirtschaftliche Expansion der Vereinigten Staaten nehmen wird[3]). In der Tat zeigt die seit dem Kriege einsetzende Unterbringung nordamerikanischen Kapitals (Dollareroberung) in den Mittel- und Südstaaten die Tendenz, die Staaten außerhalb der Union nordamerikanisch zu orientieren. — Ein Abhängigkeitsverhältnis besteht zur Zeit schon — abgesehen von Haiti und der dominikanischen Republik — mit Salvador, Honduras, Kostarika, Panama. In Südamerika sind Peru, Kolumbia und Bolivia in tatsächlicher Abhängigkeit; Ekuador, Venezuela und Paraguay sind die nächsten Ziele der friedlichen panamerikanischen Durchdringung, die hier

---

[1]) Entnommen den mir zugänglichen deutschen Konsulatsberichten an das Auswärtige Amt. [2]) Maschinenbau und Wirtschaft 1. Jg. Heft 2. [3]) Deutsche Wirtschaftszeitung. 21. Jg. vom 12. Februar 1924. Nr. 6.

nicht so glatt verläuft, wie man gehofft hatte. Die Krisen in den Jahren 1921/22 förderten diese Bestrebungen. Hinter der Bewegung scheinen auch Banken zu stehen, was aus nachstehender Kredittabelle des Jahres 1921 und ersten Halbjahres 1922 zu ersehen ist. Die Vereinigten Staaten haben in diesem Zeitraum an das Ausland geliehen:[1])

Land	Mill. Dollar	
Frankreich	199	
Dänemark	45	
Belgien.	34	
Holland	28	Europa
Jugoslawien	25	
Tschechoslowakei . . .	22	
Anderen Ländern . . .	17	
Zusammen	370	

Land	Mill. Dollar
Nordamerika	(364)
Südamerika.	228
Australien u. Ostasien	124
Zusammen	352

Vorstehende Verteilung unterstreicht das Interesse, das die Vereinigten Staaten am eigenen Kontinent, Latein-Amerika und dem fernen Osten haben.

Zur Vervollständigung unseres Gedankengangs seien noch die deutschen Ausfuhrziffern nach Südamerika, China und Japan angegeben, die gegenüber ihrer Vorkriegshöhe in der Tat einen wesentlichen Rückgang aufweisen, der zum Teil sicherlich in der dargelegten Expansionsrichtung Amerikas begründet ist.

Ausfuhr deutscher Maschinen nach Südamerika, China und Japan.

	1913	1921	1922
Südamerika	43 536 t	5977 t	12 902 t
China . . .	3 332 t	— t	432 t
Japan . . .	9 478 t	— t	1 580 t

Die folgende Tabelle, mit der wir das Kapitel Amerika beschließen, gibt Aufschluß über die Verteilung der Maschinenausfuhr der Ver-

	Steuerjahr (1. 7. bis 30. 6.)			Kalenderjahr (in 1000 Dollars)			
	1910	1913	1915	1919	1920	1921	1922
Kanada, Neufundland usw. . . .	14 113	30 637	15 449	52 346	63 157	29 966	23 010
Europa (ausgen.)	14 149	28 119	38 219	100 397	90 731	41 100	23 236
Südamerika. . . .	4 309	8 000	4 457	24 048	28 736	23 181	11 385
Mexiko u. Zentralamerika	6 412	6 209	2 590	11 144	21 235	23 373	9 609
Westindien	2 763	4 877	4 013	19 369	38 287	23 780	7 026
Lateinamerika, zus.:	13 484	19 086	11 060	54 561	88 258	70 334	28 020
Asien (ausgenommen Kleinasien) . . .	3 666	4 610	3 777	61 880	65 308	55 599	31 037
Australasien . . .	2 200	3 560	2 987	5 672	8 044	7 605	4 516
Afrika	1 353	1 592	1 490	5 183	5 314	4 487	1 564
Andere Länder . .	152	455	282	4 640	3 440	2 707	906
Alles zusammen	49 117	88 059	73 264	284 679	324 252	208 798	112 289

[1]) Maschinenbau und Wirtschaft. 2. Jg. vom 21. Februar 1923. H. 10.

einigten Staaten nach den einzelnen Bestimmungsländern während der Jahre 1910—22 (1910—1915 Steuerjahr; 1919—1922 Kalenderjahr)[1].

	In % der Gesamtsumme						
	1910	1913	1915	1919	1920	1921	1922
Lateinamerika	27,5	21,7	15,1	19,2	27,2	33,7	24,9
Asien	7,4	5,2	5,2	21,7	20,1	26,6	27,6
Kanada, Neufundland usw.	28,7	34,8	21,1	18,4	19,5	12,9	20,5
Europa	28,8	31,9	52,2	35,2	28,0	19,7	20,7
Australasien	4,5	4,1	4,0	2,1	2,5	3,6	4,1
Afrika	2,7	1,8	2,0	1,8	1,6	2,2	1,4
Andere Länder	0,4	0,5	0,4	1,6	1,1	1,3	0,8

II. Großbritannien.

Deutsche Maschinenausfuhr nach Großbritannien.

Als zweites Wettbewerbs- und Absatzland für die deutsche Maschinenindustrie ist Großbritannien zu nennen. Zwar ist es in erster Linie — vor dem Kriege sogar an erster Stelle — Deutschlands Konkurrent gewesen, doch hatte es anderseits immerhin die ziemlich beträchtliche Maschineneinfuhr für rd. 130 Mill. M.[2], wovon auf Deutschland etwa 20 % entfielen. Dieser Einfuhrzahl stand gegenüber eine Ausfuhrziffer von rd. 840 Mill. M., von der nur rd. 5 % Deutschland zu begleichen hatte.

Jahr	t
1913	25 299
1920	2 705
1921	1 849
1922	9 206
1923	9 000

Die Maschineneinfuhr Großbritanniens setzte sich in der Hauptsache zusammen aus folgenden Gruppen:

1. Fahrräder und Kraftfahrzeuge . . . . für 90 Mill. M.
   (Deutschlands Anteil $^1/_5$)
2. Schreibmaschinen . . . . rd. „ 7 „ „
3. Nähmaschinen . . . . „ 6 „ „
   (Deutschlands Anteil) . . . . „ 2 „ „
4. Textilmaschinen . . . . „ 4 „ „
   (Deutschlands Anteil $^1/_3$)
5. Arbeitsmaschinen . . . . „ 1½ „ „
   (Deutschlands Anteil unwesentlich)
6. Bergwerksmaschinen . . . . „ 1½ „ „
   (Deutschlands Anteil die Hälfte)
7. Andere Maschinen . . . . rd. „ 35 „ „
   (Deutschlands Anteil $^1/_3$)

Die englische Vorkriegsausfuhr gliederte sich in folgende Gruppen:

1. Textilmaschinen . . . . für 160 Mill. M.
   (Deutschlands Anteil etwas über $^1/_{10}$)
2. Landwirtschaftliche Maschinen . . . . rd. „ 50 „ „
3. Lokomotiven . . . . „ 35 „ „
   (Hauptabsatzgebiete: Brit.-Indien u. Südamerika)
4. Bergwerksmaschinen . . . . „ 25 „ „
   (Hauptabsatzgebiet Britisch-Südafrika)

---

[1] Commerce Yearbook, a. a. O. S. 154.
[2] Vgl. Froelich, a. a. O. S. 49.

Vor dem Kriege waren unsere Handelsbeziehungen zu England derart geregelt, daß Deutschland ihm autonom die Meistbegünstigung zugestanden hatte. England war in der Zeit, als alle Staaten Hochschutzzollmauern zu errichten begannen, der Hort des Freihandels geblieben[1]). Man hielt es in Deutschland demnach für recht und billig, da Großbritannien keine Gegenleistungen auf schutzzöllnerischem Gebiete geben konnte, mit ihm zu der oben charakterisierten Regelung zu kommen. Der Krieg war für England ein Wirtschafts- und Handelskrieg mit dem Ziele der Vernichtung Deutschlands als gefährlichen Konkurrenten am Weltmarkte. Es gelang England, zu einem Kriegsende zu kommen, das ihm mit einem Friedensinstrument die Macht gab, Deutschland unter einem Schein des Rechtes wirtschaftspolitisch vollkommen zu fesseln und zu vernichten[2]). Mit dem Versuche dieser Knebelung Deutschlands auf Jahrzehnte ging Hand in Hand das Bestreben, England und seine Kolonien fester zusammenzuschließen, sie gegen das Ausland mehr abzusperren. Da das europäische Festland, insbesondere Deutschland, kein guter Abnehmer mehr war, spürte man die Neigung, ihm auch das Inselreich zu verbieten. Der Krieg hatte für England neben umwälzenden Änderungen in den industriellen Organisationen bedenkliche Absatzverschiebungen gebracht. Nach dem Kriege erschwerten ernste Krisen Ende 1920 und Anfang 1922, sowie lange Streiks in den Montan- und mechanischen Industrien den vollen Kräfteeinsatz zur Wiedereroberung des Weltmarkts, und zum erstenmal seit den Chamberlainschen Plänen erstand in England wieder die Idee, Großbritannien durch Schutzzölle zur alten Prosperität zu bringen. Eine gewisse Europamüdigkeit und die nicht wegzuleugnende Tatsache, daß England die Führung der europäischen Politik Frankreich überlassen mußte, veranlaßten den Premierminister Baldwin Herbst 1923 für den Schutzzollgedanken einzutreten. Gegen seine Ziele erhob sich eine starke Opposition mit einer mustergültigen Propaganda für den Freihandel. Führende Blätter, wie der „Economist" u. a. brachten Sonderbeilagen, die den Freihandel und seine Vorteile für das Imperium von allen Seiten beleuchteten. — Der Kampf endete um die Jahreswende 1923 mit einem Siege der Freihändler, das Kabinett Baldwin demissionierte, und die englische Politik wird nach dem gedeckten Rückzugsversuch früher oder später mit merkbarerem Nachdruck als bislang ihre Meinung bei den Entscheidungen auf dem Kontinent zu vertreten haben. England braucht als der Frachtführer und Handelsmann der Welt ein gesundes Europa.

Die erwähnte Krise um 1920 bis Anfang 1922 brachte auch für die Maschinenindustrie erhebliche Schwierigkeiten. Neben Werkzeugmaschinen u. a., die erst 1923 wieder einen frischen Markt fanden, stockte der Absatz mit Ausnahme der Textilmaschinen vollkommen. Letztere hatten, wie aus nachfolgender Tabelle ersichtlich ist, eine

---

[1]) Vgl. Horstmann, a. a. O. S. 16.
[2]) Vgl. Keynes: Die wirtschaftlichen Folgen des Friedensvertrags. Derselbe: Revision des Friedensvertrags. München 1921/22.

ständig steigende Tendenz. Dies ist im wesentlichen auf den Umstand zurückzuführen, daß die englischen Kolonien, hauptsächlich Britisch-Indien und Australien, 1921/22 begannen, sich eine eigene Textilindustrie zu schaffen. Auch in China und Japan sind dieselben Bestrebungen wahrnehmbar. (Daraus erklärt sich anderseits auch die schlechte Lage in der englischen Textilindustrie.)

Großbritanniens Aus- und Einfuhr von Textilmaschinen.

	Ausfuhr:							
Bestimmungsland	1913		1920		1921		1922	
	t	%	t	%	t	%	t	%
Rußland	15308	9	188	—	3	—	69	—
Deutschland . .	13917	8	43	—	342	—	1948	1
Niederlande. . .	12171	7	1374	2	2468	2	2178	1
Frankreich . . .	12630	7	17001	27	24475	16	12127	8
Andere Länder in Europa. . . .	22981	13	8948	14	12721	8	13994	9
China	3321	2	2616	4	16489	10	19797	13
Japan	19688	11	8051	13	22532	14	22765	15
Ver. Staaten . .	3939	2	1745	3	6397	4	4042	5
Länder in Südamerika . . .	15281	8	2239	4	5404	4	8019	5
Brit.-Ostindien .	—	—	17945	28	60230	38	62231	40
Australien . . .	1417	1	632	1	1692	1	2849	1
Andere Länder .	57421	32	2532	4	4291	3	2137	1
Zusammen .	178074		63314		157044		152156	
Hiervon entfallen auf:								
Spinnereimasch.	—	—	44548	70	119017	76	127818	82
Webereimasch. .	—	—	13541	22	29593	19	22133	41
Andere Maschinen	—	—	5225	8	8434	5	5205	4
Ausfuhr zus. .	178074	—	63314	—	157044	—	155156	—
Einfuhr:	5026	—	4091	—	2079	—	12386	—

Schon oben wurde betont, daß der Krieg eine Verschiebung des Absatzmarktes für England zur Folge hatte. Das zeigte sich besonders beim Ausfuhrgeschäft nach Asien. Nachfolgende Statistik soll diese Behauptung erhärten. Wir ersehen aus ihr, wie der Anteil der Vereinigten Staaten gegenüber England nach China und Japan in den Jahren 1910—21 ganz erheblich gewachsen ist. (Siehe Seite 10.)

Die englische Werbetätigkeit setzte nach dem Kriege unter tatkräftiger Unterstützung des „Department of Overseas Trade" mit der bekannten Umsicht wieder ein. Ganz automatisch traten außerdem auch die deutsch-englischen Wirtschaftsbeziehungen wieder ins Leben. Für den Geschäftsverkehr mit deutschen Staatsangehörigen gelten im allgemeinen nur noch folgende einschränkende Bestimmungen.

Anteil der Vereinigten Staaten und Großbritanniens an der Maschineneinfuhr nach China und Japan in Prozent der Gesamtausfuhr jedes der beiden Länder[1]).

Jahr	aus den Ver. Staaten	aus England	Jahr	aus den Ver. Staaten	aus England
	nach China:			nach Japan:	
	%	%		%	%
1910	—	—	1910	11,1	81,4
1911	5,8	35,5	1911	13,6	72,1
1912	3,8	37,5	1912	13,4	63,3
1913	9,4	45,4	1913	9,4	66,4
1914	8,3	46,0	1914	15,3	59,6
1915	14,7	44,5	1915	28,0	59,1
1916	17,6	38,4	1916	46,0	45,1
1917	23,6	27,6	1917	52,3	39,8
1918	30,4	16,7	1918	78,5	17,5
1919	45,0	14,4	1919	74,0	18,6
1920	54,1	23,2	1920	64,0	31,5
1921	38,6	38,8	1921	47,9	41,4

1. Alles deutschen Staatsangehörigen gehörende Eigentum, alle Rechte und Interessen innerhalb des britischen Reiches unterliegen, soweit sie nicht seit Wiederaufnahme des Handels mit Deutschland neu erworben sind, der Regelung durch den Friedensvertrag.

2. Für einen Zeitraum von fünf Jahren nach Beendigung des Krieges darf kein Geschäft der nichteisenhaltigen Metall- und Erzindustrie von deutschen Staatsangehörigen betrieben oder unter ihrem Einfluß oder unter ihrer Kontrolle geführt werden, es sei denn mit der ausdrücklichen Genehmigung des Board of Trade.

3. Für einen Zeitraum von fünf Jahren nach Beendigung des Krieges und auch fernerhin so lange, bis das Parlament eine andere Bestimmung trifft, darf kein Bankgeschäft in England zugunsten oder unter Aufsicht eines Angehörigen der obenerwähnten Staaten betrieben werden.

Abgesehen von diesen Vorbehaltungen und den für alle Staaten geltenden allgemeinen Beschränkungen hat jedoch jeder Deutsche wieder das Recht, Firmenhäuser oder Zweiggeschäfte in Großbritannien zu errichten, sowie Aktien oder Anteile an englischen Firmen oder Gesellschaften zu erwerben. An der Ausstellung für den Maschinen- und Schiffsbau im Jahre 1919 war noch das feindliche Ausland ausgeschlossen. Erst im Juli 1922 wurden auf der durch die International trade exhibition Ltd. ins Leben gerufenen London fairs and markets Messe zum erstenmal nach dem Kriege deutsche Erzeugnisse ausgestellt. Bei der 6th international Mining exhibition im Juni 1923 sah man allerdings keine deutschen Maschinen ausgestellt[2]). Reklameartikel, wie sie im Katalog einer englischen Firma[3]) zu finden sind, in dem vom „Hunnen" gesprochen wird, „der seine ganze Schwerartillerie einsetzt,

---

[1]) Maschinenbau und Wirtschaft. 3. Jg. H. 1.
[2]) Vgl. Ausstellungskatalog der 6th international Mining exhibition.
[3]) Der Firma John Haddon, London E. C.

um unseren (englischen) Wettbewerb durch ehrliche und unehrliche Mittel zu schlagen", sind keineswegs dazu angetan, den Handel — insbesondere auch den Maschinenhandel — nach England im rosigen Lichte erscheinen zu lassen.

Bekanntlich lieferten die deutschen Firmen nach England auf Reparationskonto, das heißt, es wurden vom englischen Abnehmer 26 % an die Reparationskasse abgeführt[1]), während dem deutschen Lieferer der genannte Prozentsatz von der Reichsregierung rückvergütet wurde. November 1923[2]) stellte die Reichsregierung diese Rückvergütungen plötzlich ein, so daß der deutsche Fabrikant, wenn er seit diesem Zeitabschnitt bis Ende Februar 1924 noch einen Verkauf nach England tätigte, diese 26 % seinerseits zu tragen hatte. Es liegt auf der Hand, daß unter diesen Umständen ein Ausfuhrgeschäft in Maschinen nach England in der genannten Zeitspanne nur in geringem Maße stattgefunden hat, und die Klagen über die dadurch entstandene Absatzstockung in der Maschinenindustrie waren groß. Ende Februar 1924 — kurz vor Beginn der Leipziger Frühjahrsmesse — erklärte sich die englische Regierung bereit, die abzuführende Summe auf 5 % des Wertes des verkauften Gegenstandes zu ermäßigen, ein Betrag, der vom deutschen Fabrikanten eher aufgebracht werden kann.

Schließlich geben wir noch, um die derzeitige Lage in der englischen Maschinenindustrie zu umreißen, eine kurze Bilanz über das englische Maschinengeschäft auf Grund einer von der Engineering Employers Federation unter ihren Mitgliedern getätigten Umfrage über Gestehungskosten und Auftragsbestand im Jahre 1923 und im ersten Vierteljahr 1924. Die Erhebungen zeitigten folgende Daten: 1020 — d. h. 60 % — der angeschlossenen Firmen hatten geantwortet. Ihre Maschinenausbeute im Jahre 1923 betrug 150 Mill. Pfund. Sterl. Von dieser Summe gehen ab für

Materialkosten . . . . über	63 Mill. Pfd. Sterl.	
Lohnkosten:		
a) direkte	30 ,, ,, ,,	
b) indirekte	20 ,, ,, ,,	
Sonstige Belastungen	30 ,, ,, ,,	
Zusammen . . . . . . rund	143 ,, ,, ,,	

Es blieb ein Überschuß von 6 189 615 Pfund Sterl. Unter weiterer Berücksichtigung von Umlagen verschiedener Art bleibt für das Jahr 1923 ein Überschuß von 2,73 %. Für das erste Vierteljahr 1924 ergibt sich nach den Erhebungen derselben Vereinigung bei einem Auftragsbestand an Maschinen im Werte von 655 0591 Pfund Sterl. — ein Überschuß von nur 0,3 %. Das Bild das wir durch die wenigen Zahlen gewinnen, bestätigte somit unsere Ausführungen über die — auch heute noch — ungünstige Lage in der englischen Maschinenindustrie. Frei-

---

[1]) Englisches Gesetz vom 24. März 1921; ursprünglich sollten 50% vom Werte entrichtet werden. Durch eine Verfügung des Schatzamtes wurde der Satz auf 26% ermäßigt (26. Mai 1921).

[2]) Verordnung vom 15. November 1923, R.GB. II, S. 411.

lich darf man den Zahlen[1]), da sie für die Öffentlichkeit bestimmt und von einem Zweckverbande errechnet sind, kein zu großes Gewicht beilegen; jedoch schien es uns statthaft, mit ihnen unsere Skizze der Lage der englischen Maschinenindustrie zu ergänzen.

III. Frankreich.

Deutsche Maschinenausfuhr nach Frankreich.

Die außerordentlichen Verschiebungen sowohl in den Zielen der französischen Handelspolitik im allgemeinen als auch in der Stellungsnahme zur deutschen Industrie rechtfertigen es, Frankreich in unserem wirtschaftspolitischen Abriß an dritter Stelle zu bringen, zumal die Suprematie der französischen Politik in Europa es notwendig macht, sich mit ihren wirtschaftspolitischen Tendenzen und mit der wirtschaftlichen Entwicklung Frankreichs des näheren zu befassen.

Jahr	t	
1913	59 935	
1920	38 154	einschließlich
1921	16 131	Reparations-
1922	24 328	lieferungen
1923	10 000	

Der französische Maschinenexport belief sich vor dem Kriege auf rd. 160 Mill. M.[2]), die Einfuhr auf rd. 150 Mill. M. Und zwar war Deutschland trotz zeitweiser hochwallender, ständig vorhandener chauvinistischer Regungen der Hauptlieferer Frankreichs. Sein Anteil belief sich auf rd. 56 Mill. M., d. h. 44 % der Gesamteinfuhr an Maschinen. Die französische Maschineneinfuhr setzte sich im wesentlichen zusammen aus

1. Dampfmaschinen . . . . für rd. 10 Mill. M.
   Deutschlands Anteil . . . . 3 ,, ,,
2. Lokomobilen . . . . ,, ,, 2 ,, ,,
   Deutschlands Anteil . . . . 1,5 ,, ,,
3. Landwirtschaftliche Maschinen . . . . ,, ,, 35 ,, ,,
   Deutschlands Anteil . . . . 3,5 ,, ,,
4. Werkzeugmaschinen . . . . ,, ,, 22 ,, ,,
   Deutschlands Anteil . . . . 11 ,, ,,
5. Textilmaschinen . . . . ,, ,, 16 ,, ,,
   Deutschlands Anteil . . . . 5,3 ,, ,,
6. Nähmaschinen . . . . ,, ,, 15 ,, ,,
   Deutschlands Anteil . . . . 7,5 ,, ,,
7. Kraftfahrzeuge . . . . ,, ,, 7 ,, ,,
   Deutschlands Anteil unbedeutend

Frankreichs Maschinenausfuhr, die ja die Einfuhr bedeutend überstieg, erstreckte sich im wesentlichen auf folgende Maschinengattungen:

1. Kraftfahrzeuge . . . . im Werte von 130 Mill. M.
2. Landwirtschaftl. Maschinen . ,, ,, ,, 7 ,, ,,
3. Lokomotiven . . . . ,, ,, ,, 3—4 ,, ,,
4. Textilmaschinen . . . . . . ,, ,, ,, 3 ,, ,,
5. Dampfmaschinen . . . . . . ,, ,, ,, 1 ,, ,,
6. Druckereimaschinen . . . . ,, ,, ,, etwas über 1 ,, ,,

---

[1]) Vgl Deutsche Bergwerkszeitung vom 31. Mai 1924.
[2]) S. Froelich, a. a. O. 52.

Die große Ausfuhrziffer von Kraftfahrzeugen zeigt, wie wertvoll die durch den Autosport hervorgerufene Spezialisierung war.

Unsere handelspolitischen Beziehungen zu Frankreich waren derart geregelt, daß wir auf Grund des § 11 des Frankfurter Friedens von 1871 nach dem Grundsatz der ewigen meistbegünstigten Nationen behandelt wurden. Der genannte Paragraph bezog sich aber nur auf Meistbegünstigungen, die England, Belgien, Holland, Österreich, der Schweiz und Rußland gewährt wurden. Infolgedessen entwickelte sich in Frankreich ein krasses Hochschutzzollsystem, das nur bezüglich der französischen Kolonien und Protektorate durchbrochen wurde. Es bestanden, mit Ausnahme Marokkos, Zollnachlässe gegenüber dem Mutterland und auch zwischen den Kolonien unter sich[1]).

Die Entwicklungstendenz der deutschen Industrie hatte vor dem Kriege zweifelsohne die Richtung, von der Kohlenbasis im Ruhrbecken über die lothringische Minette zur französischen Erzbasis zu kommen. Es entstanden in Lothringen, dem wirtschaftlichen Bindeglied, die großartigen Anlagen der „Deutsch-Luxemburg" in Differdingen, der Thyssenschen Werke in Hagendingen. Gerade Thyssen war einer der ersten, der in den französischen Erzlagern in der Nähe von Caen, in der Normandie, festen Fuß faßte[2]). Seine Schöpfungen der Werke von Caen, die als die ersten Frankreichs vom Rohprodukt bis zum Fertigfabrikat durchgegliedert waren, verwirklichten den Gedanken der deutsch-französischen Arbeitsgemeinschaft auf der Kokserzbasis. — Daß die deutschen Industriellen sich bei dem Versuche, dieses naheliegende Ziel anzustreben, von keinerlei politischen Motiven leiten ließen, beweist die Tatsache, daß Thyssen die Idee der Werke von Caen auch weiter verfolgte, als er durch die französische Regierung gezwungen wurde, 60 % des Aktienanteils seiner Schöpfung und den Vorsitz im Aufsichtsrate französischen Händen zu überlassen. Dieses Beispiel erhellt die Tendenz der französisch-deutschen Wirtschaftsbeziehungen vor dem Kriege: auf deutscher Seite erstrebte man die bestmögliche wirtschaftliche Lösung des Erzkoksproblems, war man aktiv produktiv; auf französischer Seite nahm man die deutschen Pläne, da sie Vorteile brachten, entgegen und benutzte sie zu politischer Propaganda gegen Deutschland[3]).

Der Krieg mit seinem schließlichen Friedensdiktat versetzte Frankreich in die Lage, seinerseits die Initiative zur Lösung des Erzkoksproblems zu ergreifen. Jedoch mehr denn je zuvor leiteten es bei dem Versuche einer Regelung imperialistisch gefärbte politische Motive sehr zweifelhafter Güte. Nun Frankreich Lothringen hatte und die Macht besaß, besetzte es zu Beginn des Jahres 1923 das Ruhrgebiet unter

---

[1]) Vgl. Horstmann, a. a. O. S. 18.

[2]) Vgl. Matschoß: Thyssen und sein Werk. 1921, S. 18/19 und S. 34.

[3]) Le Chatelier schreibt in der Revue de Métallurgie vom Februar 1913, S. 324 (nach seiner Rückkehr aus dem Ruhrgebiet): Dès le retour du voyage de Westphalie les divers éléments de l'affaire furent mis à l'étude en s'abandonnant au rêve de faire française, autant que les circonstances le permettraient, une affaire demeurée jusque là exclusivement allemande.

Scheingründen — die Erzkoksbasis, durch Bajonette erzwungen, war geschaffen. Es erhebt sich für die Zukunft die Frage: wird diese geschaffene Linie von der Ruhr bis nach Briey und zur Normandie an den plumpen Versuchen, aus einer notwendigen wirtschaftlichen Zusammenarbeit eine gewaltsam erzwungene politische Einheit zu schaffen, über kurz oder lang zerrissen werden; oder setzt sich der wirtschaftlich gesunde Gedanke durch und treten die Franzosen ihren politischen Rückzug aus der Ruhrpolitik an. Die Lösung dieser Fragen wird gänzlich abhängen von der politischen Konstellation auf dem Kontinent.

Diese kleine Abschweifung in die Problematik der deutsch-französischen Beziehungen scheint uns deshalb wichtig, weil sie kraß und von jedwedem Beiwerk isoliert den Kern der französischen Einstellung gegenüber Deutschland wiedergibt, die sich dahin zusammenfassen läßt: Wirtschaftskrieg mit Deutschland mit politischen Mitteln bis aufs Messer! Eine Einstellung, die wir auch im folgenden Abriß der französischen Wirtschaftspolitik und des französischen Verhältnisses gegenüber deutschen Kaufleuten wahrnehmen können.

Nach dem Kriege war es Frankreichs oberstes Ziel, die wesentliche Verschlechterung seiner wirtschaftlichen Lage gegenüber der Vorkriegszeit, die neben dem jetzt aufkommenden Mißtrauen an der getätigten brutalen Expansionspolitik in seiner wachsenden Verschuldung seinen Hauptgrund hatte, durch Hebung seines Außenhandels zu bessern. Da das Land aber, wie schon einmal betont, durchaus protektionistisch ist, seit 100 Jahren, mit Ausnahme einer Episode unter Napoleon III.[1]), so war, und es voraussichtlich bleiben wird, so wird die Erzielung des Exportüberflusses weniger durch freien überlegenen Wettbewerb als durch künstliche Förderung der Ausfuhr seitens des Staates angestrebt. Eine typische Einrichtung dafür ist die Banque nationale du Commerce extérieur, von deren Gründung man 1920 manches Gute erwarten durfte, die sich aber immer mehr als eine krankhafte Anstrengung zur Erzielung eines Exportüberflusses erwies[2]). Hand in Hand mit den Bestrebungen der Ausfuhrsteigerung ging das Streben, den deutschen Handel möglichst auszuschalten. Führend in der Verfolgung dieses Zieles ist die Association nationale d'Expansion économique, die auf Betreiben der Handelskammern und einiger Parlamentarier unter Führung der Pariser Handelskammer ins Leben gerufen worden war, und der sich die größten wirtschaftlichen Verbände des Handels und der Industrie angeschlossen haben. Sie nahm sich die deutschen Industrie- und Handels-, insbesondere die Exportmethoden zum Vorbild und arbeitete danach einen Plan für die Abwehr des deutschen Wettbewerbes aus. Er hat folgende Hauptpunkte zur Grundlage: 1. Staatliche Überwachung und Behinderung der deutschen Einfuhr auch über

---

[1]) Vgl. Lotz: Die Ideen der deutschen Handelspolitik von 1860—1891.

[2]) Speziell für die Maschinenindustrie wurde von dem Gesamtverband der französischen Maschinen- und Elektroindustrie (Fédération de la Construction mécanique, électrique et métallique) ein Ausschuß ernannt, der die Gründung eines Exportkontors in der Form einer Aktiengesellschaft erstreben soll (vgl. Maschinenbau u. Wirtschaft, Wirtschaft, II. Jg., H. 24).

das Ausland (siehe belgisch-französischen Handelsvertrag, Kap. VIII);
2. Bekämpfung des offenen und versteckten Dumpings; 3. internatio-
naler Protektionismus (wobei „international" jede Maßnahme genannt
wird, die den Franzosen zugute kommt); 4. hoher Zoll auf Eisen-
erzeugnisse; 5. Frachtenermäßigung und Ausfuhrprämien; 6. langfristige Kredite; 7. Vertrustung verwandter Industrien[a]); 8. großzügige
Mustermessen. Es liegt auf der Hand, daß ein derartig ausgearbeiteter
staatlich sanktionierter Kampfplan nicht dazu angetan ist, die deutsch-
französischen Wirtschaftsbeziehungen zu bessern; und die Bereitwillig-
keit der deutschen Industriellen für ein wirtschaftliches Zusammen-
gehen mit Frankreich, wie sie bereits in einer Entschließung im Sommer
1920 gelegentlich der Tagung des deutsch-französischen Wirtschafts-
vereins und in Kundgebungen bis zur Jetztzeit zum Ausdruck kommt,
spielt neben den mächtigen Strömungen der oben geschilderten Art
eine etwas belanglose Rolle. Eine starke Waffe bildete in dem System
des Kampfes gegen den deutschen Wettbewerb der französische Zolltarif.

Der französische Einfuhrzolltarif gliedert sich in einen Generaltarif und einen Minimaltarif[b]); zudem bestehen noch verschiedene
Zwischentarife infolge der Gewährung von prozentualen Abschlägen
von verschiedenen Sätzen des Minimaltarifs an Kanada[1]), die Tschechoslowakei[2]), Finnland[3]), Polen[4]), Spanien[5]) und Estland[6]). Diese Gewährung von Zwischentarifen (Tarifs intermédiaires) erfolgte auf Grund
des Ermächtigungsgesetzes vom 29. Juli 1919 und soll eine größere
Individualisierung der Handelsverträge gestatten.

Deutsche Waren werden nach dem Generalzolltarif verzollt, das
Deutsche Reich hat keinen Anspruch auf die Meistbegünstigung, und
nur für gewisse deutsche Waren (in der Hauptsache Baumaterialien,
Maschinen usw.), soweit sie als Reparationslieferungen für den Wiederaufbau der zerstörten Gebiete eingeführt werden, gilt ein Sondertarif,
dessen Sätze bis auf gegenteilige Anordnung gleich denen des Minimaltarifs sind. (Dekret vom 28. Juli 1922.)

Die Entwertung sowohl der eigenen als auch der fremden Währung
soll durch ein System von Vervielfältigungskoeffizienten kompensiert
werden, mit denen die Grundzollsätze des Generaltarifs, des Minimaltarifs, wie des Zwischentarifs zu multiplizieren sind. Diese Koeffizienten,
die zwischen 1,1 und 10 schwanken, ermöglichen Frankreich eine außer-

---

[a]) Anfang und Symbol dieses Zusammenschlusses ist bereits die
Union des Industries Métallurgiques et Minières und die kürzliche Stärkung
der inneren Verbandsorganisation der französischen Werke, des Comptoir
sidérurgique de France.

[b]) Vgl. Industrie- und Handelstag: Die wichtigsten Zollsysteme 1922,
Kapitel: Frankreich. Außerdem: Zollblatt des V. d. M. A. Frankreich. Nr. 147.

[1]) Vertrag vom 29. Januar 1921, Handelsarchiv 1921, S. 260.

[2]) Vertrag vom 17. August 1923, Handelsarchiv 1924, S. 316.

[3]) Vertrag vom 13. Juli 1921, Handelsarchiv 1921, S. 437 u. 628,
1924, S. 922.

[4]) Vertrag vom 6. Februar 1922, Handelsarchiv 1922, S. 523 u. Handelsarchiv 1924, S. 549.

[5]) Vertrag vom 8. Juli 1922, Handelsarchiv 1922, S. 663.

[6]) Vertrag vom 7. Januar 1922, Handelsarchiv 1922, S. 755.

ordentlich labile Zollpolitik, zumal Abänderungen auf Vorschlag eines interministeriellen Ausschusses im Verordnungswege, vorbehaltlich der späteren Ratifikation durch die Kammer, vorgenommen werden können, was auch schon des öfteren geschehen ist. Valutazollzuschläge, die nach den Währungen der Einfuhrländer differenziert sind[c]), bestehen nicht. Auf Grund dieses, wie man sieht, fein ausgearbeiteten Zollsystems, dessen Spitze jeweils gegen Deutschland gerichtet ist und durch eine großzügig angelegte, Deutschland feindliche Wirtschaftspropaganda wirksam unterstützt wird, erscheint es uns unmöglich, auch bezüglich der Aussichten des deutschen Maschinenexports nach Frankreich eine Tendenz zur Besserung festzustellen. Soweit es sich nicht um Reparationslieferungen handelt, die ja trotz der Ablehnung der deutschen Vorschläge, den Wiederaufbau durch Deutschland bewerkstelligen zu lassen, auch 1922 noch recht erheblich waren (vgl. die Ausfuhrziffern zu Beginn des Kapitels), war von einem nennenswerten Maschinengeschäft mit Frankreich keine Rede. Diese Lage wird, solange die französische Ruhrpolitik nicht abgeblasen wird, sich schwerlich ändern.

Zusammenfassung der ersten drei Kapitel: Überblicken wir noch einmal die Wirtschaftsentwicklung der drei Hauptkonkurrenten und ihre Stellungnahme zur deutschen Einfuhr, so ergibt sich, daß 1. Amerika an Stelle Deutschlands die Führung übernommen hat, 2. der deutsche Außenhandel in Maschinen nach diesen Staaten bedeutend erschwert wurde, 3. die deutsche Wettbewerbsfähigkeit auf dem Weltmarkt durch die erstarkte Konkurrenz der drei Länder erheblich gefährdet wird. Folgender Nachweis von W. Althoff in den Commercial Reports erhärtet das aus den drei Kapiteln gewonnene Bild, insbesondere tritt Althoff den Beweis an, daß Amerika in der Maschinenausfuhr die Führung an sich gerissen habe[1]). Nach seinen Ausführungen ist Amerikas Vorzugsstellung auf dem Weltmarkt von Deutschland keineswegs bedroht. Von 1910—13 führten Deutschland, England, Frankreich und die Vereinigten Staaten zusammen im Durchschnitt jährlich für 530 Mill. Dollars aus. Deutschlands Anteil ging von 45,10 % im Jahre 1910 auf 43,6 % im Jahre 1913 herunter. Dagegen stieg der Anteil Amerikas in dieser Zeitspanne von 17 % auf 20,9 %, und der englische sank von 33,1 % auf 28,8 %. Das bedeutete für Amerika eine Werterhöhung um rd. 57 Mill. Dollars. — 1918 und 1919 war die Lage derartig, daß die Vereinigten Staaten den Hauptanteil an der Maschinenausfuhr hatten. Die entsprechenden Wertgrößen waren für Amerika 282 (1918) und 378 (1919)[2]) Mill. Dollars. — 1920 erschien

---

[c]) Im Gegensatz zu Spanien, Italien u. a.; vgl. die jeweiligen Kapitel.

[1]) Der Aufsatz ist abgedruckt in Maschinenbau und Wirtschaft. 1. Jg. H. 11.

[2]) Es scheint uns angebracht, zu betonen, daß es sich bei dem Althoffschen Wertangaben um Zahlen handelt, die zwar von der amtlichen amerikanischen Statistik des Handelsdepartements (vgl. Kap. I, S. 4) wesentlich abweichen; da er aber Ausfuhr-, d. h. Weltmarktpreise verwendet, so lassen diese zweifelsohne einen annähernden Schluß auf das Verhältnis der absoluten Ausfuhrmengen zu.

Deutschland wieder auf dem Weltmarkte, und die Gesamtsumme der von den vier Ländern ausgeführten Maschinen stieg auf 1 Milliarde Dollars. Fast die Hälfte davon kam auf die Vereinigten Staaten (48,8 %); England war mit 24,6 % und Deutschland mit 20,8 % beteiligt. — 1921 wies von den vier Ländern nur England eine Erhöhung des Ausfuhrwerts auf (jedenfalls auf Grund langfristiger Bestellungen von Textilmaschinen [1]). Der Wert der ausgeführten Maschinen der Vereinigten Staaten fiel 1921 beträchtlich. Trotzdem übertraf die amerikanische Ausfuhr von 1921 die von 1918 und war dem Werte nach zweimal so groß wie die Ausfuhr von 1913. — 1921 führte Amerika für 290 Mill. Dollar aus[2]), eine Summe, die 36 % der Weltausfuhr ausmachte, während es 1913 für 130 Mill. Dollar[2]) oder 20,8 % der Weltausfuhr lieferte. Ergebnis dieser Feststellungen ist die Tatsache, daß Deutschland 1920 und 1921 trotz aller Vorteile einer schwachen Valuta nur etwa die Hälfte seines früheren prozentmäßigen Anteils an der Maschinenausfuhr der Welt erreichen konnte.

IV. Tschechoslowakei.

Deutsche Maschinenausfuhr nach der Tschechoslowakei.

Der unglückliche Kriegsausgang schuf im Osten Deutschlands eine Reihe von Randstaaten, die in politischer Beziehung im wesentlichen im Fahrwasser der französischen Politik schwimmen, die in wirtschaftlicher Beziehung, auf Grund verschiedener Begünstigungen aus dem Versailler Diktate und dank ihrer Lage, Deutschland empfindliche Schläge versetzen können. Der wichtigste Wettbewerber unter den „Emporkömmlingen" ist — Deutschland gegenüber — die Tschechoslowakei. Sie umfaßt die ehemaligen Länder Böhmen, Mähren, Schlesien

Jahr	t
1913	—
1920	11 966
1921	8 677
1922	14 420
1923	8 057

und die Slowakei, sowie Karpathenrußland. Dieselben sind, nach dem Westen gelegen, mehr Industrieländer, nach dem Osten fast die reinen Agrarstaaten. Immerhin konzentrieren sich in diesen Ländern ungefähr 80 % der Industrien der ehemaligen österreichischen Monarchie, eine Tatsache, bedingt durch die reichen Kohlenschätze des Landes, vornehmlich der Kohle und des Erzes, neben denen auch ein beträchtlicher Holzreichtum zu vermerken ist. Man konnte daher nach dem Umsturz, der zur Gründung der tschechoslowakischen Republik führte, große Erwartungen und den Glauben hegen, die neue Republik werde sich zu einem Exportstaat erster Güte entwickeln. — Im Laufe der Jahre zeigte es sich, daß die Tschechoslowakei ihre Orientierung nach Frankreich zum Leitmotiv ihrer Außenpolitik gemacht hatte, und ihre Einstellung Deutschland gegenüber ergibt sich dadurch von selbst.

---

[1]) Vgl. Kap. II: Großbritannien S. 8/9.
[2]) Vgl. dagegen S. 4.

Wir erinnern an die Broschüre von Hanusch Kufner[1]), betitelt: Unser Staat und der Weltfriede, die die Presse eine Zeitlang beschäftigte. In gesagter Broschüre werden die Grenzen des tschechischen Staates in scharfer Form beanstandet, und der Verfasser (Pseudo Benesch) will zur Sicherung eines Dauerfriedens Europa in drei große Interessensphären teilen: eine slawische, eine romanische Festlandzone und eine ozeanische. Nach seiner Dreiteilung solle vom heutigen Deutschland eine „deutsche Reservation", Bayern, Sachsen, Württemberg, Hessen, Baden und Westfalen umfassend, übrigbleiben. Soweit die Skizzierung der extremen, französischerseits unterstützten politischen Ziele.

In wirtschaftspolitischer Beziehung verfolgt die Tschechoslowakei eine gewissermaßen defensive Opportunitätspolitik gegenüber allen ihren Handels- bzw. Handelsvertragsgegnern. Man vermißt in der Handelspolitik der Tschechoslowakei ein gewisses agressives Moment. Hat sie doch grundsätzlich die Einfuhr jedweder Erzeugnisse, gleichgültig, aus welchem Lande sie stammen und kommen, verboten und jegliche Einfuhr an eine vorherige Einfuhrbewilligung seitens des Prager Handelsministeriums gebunden (das gleiche gilt auch für die Ausfuhr). Ausnahmen von diesem allgemeinen Einfuhrverbot werden nur in vereinzelten Fällen gemacht, und zwar hat das Prager Handelsministerium sogenannte, nur wenige Waren erfassende „Einfuhrfreilisten" geschaffen, in denen diejenigen Erzeugnisse aufgezählt sind, die ohne eine solche Einfuhrbewilligung, bzw. auf bloße Anmeldung hin freigegeben sind. Hinter diesem Panzer von Einfuhrverboten, der noch gehärtet wurde durch hohe Zölle, läßt die Tschechoslowakei ihre Handels- bzw. Handelsvertragsgegner an sich herankommen und benutzt ihre eigene gedeckte, starke Position, um von ihnen wirtschaftliche Zugeständnisse, vornehmlich zolltarifarischer Art, zu erpressen. Als Gegenleistung bietet die Tschechoslowakei „das Recht der meistbegünstigten Nation", das sich aber nicht etwa auf ermäßigte Zölle erstreckt — solche bietet die Tschechoslowakei überhaupt nicht —, sondern nur auf die Gewährung von Einfuhrkontingenten bzw. Teilnahme an den anderen Ländern gegenüber eingeräumten Einfuhrfreilisten.

Um nur einen Überblick über die Höhe der Zölle für einzelne Maschinen zu geben, lassen wir einige Beispiele für Maschinen der Wollindustrie folgen, einer Industrie, die sich ja in der Tschechoslowakei einer relativ hohen Entwicklungsstufe und darum auch eines sehr hohen Zollschutzes erfreut.

Beispiel 1a zu Tarif-Nr. 538, Anm. 3.
    Eine zweischneidige Tuchschermaschine (für Wollindustrie), 1600 mm Zylinderbreite mit 2 Bürsten.
    Gewicht: netto 1500 kg.
    Heutiger Preis (Mai 1924) . . . . 25 200 Kč.
    Zollbelastung für 100 kg 72 Kč.
       „   „ 1540 „ . . . . 1080 „
            = 4,3% vom Warenwert.

---

[1]) Hinter welchem Namen Herr Dr. Benesch in höchsteigener Person stecken soll.

Beispiel 1b zu Tarif-Nr. 538.
Dieselbe Maschine für die **Baumwollindustrie.**
Heutiger Preis . . . . 25 200 Kč.
Zollbelastung für 100 kg 600 Kč.
„   „   1500 „ . . . .   9 000 „
= 35,7% vom Warenwert.

Beispiel 2a zu Tarif-Nr. 538, Anm. 3.
Ein Friktions-Filz-Kalander mit 2 Kalandrier- und Glättapparaten,
Warenspanner, Dämpfapparat, Leitwalzen, 1600 mm Warenbreite
(**für die Wollindustrie**).
Gewicht: netto 2500 kg.
Heutiger Preis . . . . 35 400 Kč.
Zollbelastung für 100 kg 72 Kč.
„   „   2500 „ . . . .   1 800 „
= 5,1% vom Warenwert.

Beispiel 2b zu Tarif-Nr. 538.
Dieselbe Maschine für die **Baumwollindustrie.**
Heutiger Preis . . . . 35 400 Kč.
Zollbelastung für 100 kg 600 Kč.
„   „   2500 „ . . . . 15 000 „
= 42,4% vom Warenwert.

Eine ganze Reihe von Maschinen für die Woll- und Baumwollindustrie kosten bei einem Gewicht von rund 4000 kg rund 40 000 Kč.
Für die Maschinen beträgt der Einfuhrzoll, wenn sie für die Wollindustrie geliefert werden, 2880 Kč., d. h. rund 7,2% vom Warenwert, wenn sie für die Baumwollindustrie geliefert werden, 24 000 Kč.,
d. h. rund 60% vom Warenwert. Man sieht aus diesen Beispielen
den hohen Schutzzoll speziell für die Baumwollindustrie. Da aber die
Maschinen für die Wollindustrie von denen für die Baumwollindustrie
in der Konstruktion nur wesentlich, teilweise überhaupt nicht abweichen, ist es für einen Zollbeamten gänzlich unmöglich zu unterscheiden, für welche Industrie die Maschine bestimmt ist, der Willkür
sind Tür und Tor geöffnet.

Die geschilderten ungünstigen deutsch-tschechischen Handelsbeziehungen gewähren natürlich für den Warenverkehr beider Länder
nicht die nötige Freiheit und Beständigkeit, die zwischen Nachbarländern angestrebt werden muß. Pressemeldungen zufolge wurde schon
zu Beginn des Jahres 1924 in der Tschechoslowakei der Wunsch laut,
mit Deutschland in Verhandlungen zwecks gegenseitiger Einfuhrerleichterungen zu treten. In der Tat fanden auch im Laufe des Frühjahrs Verhandlungen statt, die allerdings ergebnislos verliefen. Neuerdings sollen wieder mit den tschechischen Vertretern Beratungen über
die zweckmäßige Lösung wichtiger Wirtschaftsfragen im Gange sein.
Es ist verständlich, daß Deutschland sich vor dem Inkrafttreten seines
neuen Zolltarifs in tarifarischer Hinsicht keineswegs binden will, eine
Forderung, die allerdings bei jedweden Handelsvertragsverhandlungen
in erster Linie vertreten wird.

Neben der konsequenten Durchführung des soeben geschilderten
Prinzips der verschlossenen Tür widmete die Tschechoslowakei ihre
ganze Energie dem Aufbau einer wettbewerbsfähigen Industrie, über
deren Art und Größe die folgenden Statistiken Aufschluß geben sollen.

2*

Nach ihnen arbeiteten in der Tschechoslowakei im Jahre 1922 1273 Aktiengesellschaften mit einem Kapital von 5 778 090 939 Kč und 2447 G. m. b. H. mit einem Kapital von 917 188 647 Kč, zusammen 6 695 279 586 Kč außer den Geldinstituten und dem fremden Kapital. In der Statistik steht die Maschinenindustrie an fünfter bzw. sechster Stelle[1]).

Art und Anzahl der industriellen Unternehmungen in der Tschechoslowakei.

Art der Unternehmung	A.-G.	Aktienkapital in Kč	G. m. b. H.	Gesellschaftskapital in Kč
Landwirtsch. Betriebe (Tierzucht. u. Fischereien)	12	45 207 000	23	7 858 000
Berg- u. Hüttenbetriebe	39	463 240 000	84	78 694 531
Ton- u. Glasindustrie	107	466 965 600	191	90 364 944
Metallverarbeitende Industrie	53	480 164 000	115	46 852 693
Maschinenindustrie	65	555 255 000	115	43 680 974
Elektrotechnische Betriebe	25	158 050 000	41	18 359 400
Holz- u. Schnitzindustrie	72	318 840 000	110	35 353 325
Kautschukindustrie	9	44 040 000	7	2 590 000
Lederindustrie	20	80 510 000	25	7 681 000
Textilindustrie	74	451 300 000	75	50 653 237
Konfektion	22	77 680 000	54	10 435 111
Papierindustrie	20	88 560 000	28	5 917 250
Chemische Industrie	69	408 644 000	156	35 293 800
Baugewerbe	34	104 686 800	82	13 044 503
Graphische Industrie	35	63 944 000	74	11 754 700
Beleuchtungs- u. Beheizungsind.	33	189 189 200	32	47 564 000
Lebensmittelindustrie	293	882 109 480	252	129 921 529
Gast- u. Schankwirtsgewerbe	3	11 080 000	20	4 728 900
Handelsgewerbe	121	289 250 400	472	162 947 750
Handelshilfsgewerbe	12	25 110 000	142	67 030 500
Verkehrsunternehmungen	101	447 668 059	24	9 489 000
Theater, Konzert u. Film	16	42 475 000	81	16 514 200
Kurbetriebe u. Sanatorien	27	60 165 000	7	4 171 000
Andere Unternehmungen	11	23 957 400	37	17 338 300
	1273	5 778 090 939	2447	917 188 647

Über den Außenhandel — speziell in Maschinen — und die immerhin regen tschechisch-deutschen Wirtschaftsbeziehungen gibt eine weitere Tabelle (s. S. 21) Aufschluß[2]).

Wie aus der Tabelle ersichtlich ist, beträgt der Anteil Deutschlands bei der Einfuhr an den in der Zahlentafel ausdrücklich genannten Maschinenarten durchschnittlich 70 % mit Schwankungen zwischen 49 und 84. Auf den ersten Blick scheint der Anteil Deutschlands 1922 (im 1. Vierteljahr) bedeutend geringer zu sein wie in derselben Zeitspanne im Jahre 1921, da in einigen Positionen ein bedeutender Rückgang zu verzeichnen ist; dieser Rückgang wird indes durch die Ver-

---

[1]) Vgl. auch Ber. aus den neuen Staaten, Wien. Nr. 1. 4. Jan. 1924.
[2]) Maschinenbau und Wirtschaft. 2. Jg., H. 5/6, S. 182, und vgl.: Der Außenhandel der tschechoslowakischen Republik im Jahre 1921 (Tschechoslowakische Statistik, Bd. III).

Der Außenhandel der Tschechoslowakei in Maschinen und Apparaten im Jahre 1921 und im 1. Vierteljahr 1922.

Einfuhr:

Erzeugnis	1921			1921 1. Vierteljahr			1922 1. Vierteljahr		
	ins-gesamt	aus Deutschland	%	ins-gesamt	aus Deutschland	%	ins-gesamt	aus Deutschland	%
	t	t		t	t		t	t	
Masch., Apparate, Bestandt. ders. aus Holz, Eisen od. unedlen Metallen . .	25072	17431	70	6121	[1])		6355		
Textilmaschinen . .	2760	2020	75	800	668	84	979	690	71
Landmaschinen . . .	1910	958	50	458	280	61	328	206	63
Lokomotiven	891	534	60	78	53	68	286	78	27
Kraftmaschinen . .	2336	1459	62	624	398	64	444	313	71
Pumpen u. Pressen .	1585	1269	80	453	345	76	305	218	71
And. Masch. u. Appar.	11015	8112	74	2728	1876	69	2866	2264	79
Dampfkessel, Destill.-, Kühl- u. Kochappar.	835	405	49	177	129	73	241	89	37
Rechen- u. Schreibm.	146	91	63	33	20	58	60	38	64
Waagen	88	63	71	33	30	91	28	18	64
Elektr. Masch. u. App.	6425	3054	48	1954			906		
Dynamomaschinen .	3327	1555	47	1002	4396	44	490	277	57

Ausfuhr:

Erzeugnis	1921			1921 1. Vierteljahr			1922 1. Vierteljahr		
Masch., Apparate, Bestandt. ders. aus Holz, Eisen od. unedlen Metallen . .	46843	1705	4	8247			7369		
Davon:									
Werkzeugmaschinen .	1757	136	8	237	25	11	110	0,1	0,1
Textilmaschinen. . .	7481	482	6	1216	120	10	1556	72	5
Landmaschinen .	15468	225	1,5	3119	64	2	1336	1,4	0,1
Lokomotiven	367			36			49		
Pumpen, Pressen . .	1199	38	3	165	17	10	235	1,5	0,6
And. Masch. u. Appar.	8188	630	8	1514	49	3	2180	61	3
Dampfkessel, Destil.- Kühl- u. Kochapp. .	7655			1169			1252		
Waagen	174			27			28		
Elektr. Maschinen . .	1742	82	5	340			241		
Dynamomaschinen .	914			174			95		

mehrung der drei Gruppen Landmaschinen, Kraftmaschinen und andere Maschinen ausgeglichen. Auffällig ist der starke Rückgang des deutschen Anteils an der Lokomotiveinfuhr von 68 auf 27 %. Dabei ist aber zu bemerken, daß die Einfuhr aus Deutschland nach der Tschechoslowakei von 53 t auf 78 t gestiegen ist, sich also um die Hälfte vermehrt hat, während der prozentuale Anteil geringer ist, da die Gesamtlokomotiven-

---

[1]) Deutschlands Anteil ist für die vierteljährliche Zusammenstellung nicht festgestellt. Vgl. Maschinenbau und Wirtschaft 2. Jg. H. 5/6.

einfuhr 286 t gegen 78 t im 1. Vierteljahr 1921 beträgt. Bei der Ausfuhr ist, wie man sieht, der Anteil Deutschlands an den aufgeführten Positionen gering. Wir haben das Gegengewicht in der Ausfuhr anderer Erzeugnisse, wie Kohle, Eisen, Zucker usw., zu suchen. — Die beiden Statistiken ermöglichen es uns also, ein Bild über den Stand der industriellen Unternehmungen zu gewinnen. In der Tat gelang es der tschechischen Industrie — so auch der Maschinenindustrie — nach schweren Schlägen und Krisen jeder Art langsam hochzukommen.

Die natürliche handelspolitische Expansion der Tschechoslowakei sollte nach dem Osten gerichtet sein, während sie nach dem Westen mit deutschen Konkurrenten zu kämpfen hat. Doch blieben die eifrigsten Bemühungen tschechischer Industrieller, z. B. des Grafen Kalowrat (als Syndikus der tschechoslowakischen Maschinenfabriken und im Auftrage der Skodawerke), in Moskau zu positiven großzügigen Abschlüssen zu kommen, bislang erfolglos.

Gegen Wien, dem österreichischen Mutterlande, bewahrt man eine deutliche Abneigung. Der ganze Druck der tschechischen industriellen Erzeugnisse sucht sich also nach dem Westen, nach Deutschland und über Deutschland einen Abschluß zu schaffen.

Es gelang nun der tschechischen Republik, durch ein, vor allem im Jahre 1923 ausgebautes System von Handels- und Zollverträgen den Export ihrer Industrie wirksam zu fördern. Außer mit Deutschland[a]) schloß die Tschechoslowakei Handelsverträge nach dem Grundsatze der reinen gegenseitigen Meistbegünstigung mit Norwegen[b]), Italien[c]), Lettland[d]), Polen[e]), Portugal[f]), Österreich[g]), Rumänien[h]), Jugoslawien[i]) und der Schweiz[k]). Außerdem gewährten folgende Vertragsstaaten den tschechoslowakischen Waren nicht die volle Meistbegünstigung. Frankreich[1]) (Minimaltarif für 150 Positionen und prozentuale Nachlässe für 300 Positionen; vgl. Kap. III, S. 15), England hat das Recht, nach vorheriger dreimonatiger Ankündigung Dumpingzölle zu erheben[m]). Griechenland[1]): Meistbegünstigung nur für Waren der Vertragsbeilage B. Rußland[2]) und Ukraine (die Frage des Zollregimes ist in den Verträgen nicht geregelt). Spanien[3]) hat für tschechoslowakische Waren die Verzollung nach Tarif-Reihe 2 (Minimaltarif) bestimmt, ge-

---

[a]) Vertrag vom 29. Juni 1920, Handelsarchiv 1921, S. 412.
[b]) Vertrag vom 2. Oktober 1923, Handelsarchiv 1924, S. 589.
[c]) Vertrag vom 23. März 1921, Handelsarchiv 1922, S. 491.
[d]) Vertrag vom 7. August 1922, Handelsarchiv 1924, S. 490.
[e]) Vertrag vom 20. August 1921 (noch nicht ratifiziert).
[f]) Vertrag vom 11. Dezember 1922, Handelsarchiv 1923, S. 229.
[g]) Vertrag vom 4. Mai 1921, Handelsarchiv 1923, S. 41.
[h]) Vertrag vom 8. April 1921, Handelsarchiv 1922, S. 198.
[i]) Vertrag vom 18. August 1920, Handelsarchiv 1921, S. 128 u. 129
[k]) Vertrag vom 6. März 1920, Handelsarchiv 1924, S. 455.
[l]) Vertrag vom 17. August 1923, Handelsarchiv 1924, S. 316.
[m]) Vertrag vom 14. Juli 1923, Handelsarchiv 1923, S. 990.
[1]) Vgl. Handelsarchiv 1923, S. 466.
[2]) Vgl. Handelsarchiv 1922, S. 808 und 810.
[3]) Vgl. Handelsarchiv 1922, S. 61.

währt ihnen also keineswegs die noch anderen Staaten gewährten Vergünstigungen (vgl. Kap. XII). — Der deutsch-tschechische Handelsvertrag basiert auf dem Grundsatz der gegenseitigen Meistbegünstigung, so daß also Einfuhrbegünstigungen, die gelegentlich des Abschlusses des französisch-tschechischen Handelsvertrags die Tschechoslowakei Frankreich gewährte, auch Deutschland zugute kommen. Bezüglich der Behandlung seiner Einfuhrware ist Deutschland also den anderen Staaten gleichgestellt, und das System der Vervielfältigungskoeffizienten, dem sich die Tschechoslowakei seit dem 1. Juni 1921 zugewandt hatte, kann nicht — wie bei Frankreich[1]) — und, wie wir später sehen werden, bei Italien zur Abschnürung deutscher Einfuhr mißbraucht werden. Doch zeigt der am 25. Januar 1924 abgeschlossene Freundschaftsvertrag mit Frankreich, daß von einer gleichen Behandlung Deutschlands und Frankreichs seitens der Tschechei keine Rede sein kann. — Sehr hinderlich für die Entwicklung der deutschen Ausfuhr nach der Tschechei bleibt auch das sogenannte Bewilligungssystem, wonach die Einfuhr deutscher Erzeugnisse, die nicht auf der Freiliste stehen, nach der Tschechei von einer Einfuhrbewilligung abhängig gemacht wird, und wodurch die Tschechoslowakei in die Lage versetzt wird, sich vom Import einzelner Industrien hermetisch abzuschließen. Zum anderen aber drückt die Konkurrenz der tschechischen Industrie besonders scharf, da nach dem Friedensvertrage Artikel 321 ff. Deutschland verpflichtet ist, jedweden tschechischen Erzeugnissen bei ihrer Durchfuhr durch Deutschland zu Wasser und zu Lande die gleichen Tarife und eventuellen Vergünstigungen einzuräumen, die deutsche Erzeugnisse genießen. Jede Ermäßigung, wie z. B. der geplante oberschlesische Tarif, zwecks Konkurrenzmöglichkeiten mit dem Rheinland, sowie die kürzlich erfolgte (Januar 1924) Seefrachtenermäßigung fallen automatisch der Tschechoslowakei zu und ermöglichen ihr eine scharfe Konkurrenz an jedem deutschen Platze.

Es kann somit die tschechoslowakische Republik, vor allem bei ihrer fortschreitenden Industrialisierung, als Gegner der deutschen Industrie jetzt und in der Zukunft nicht hoch genug eingeschätzt werden.

V. Polen.

Deutsche Maschinenausfuhr nach Polen.

Von großem Interesse, insbesondere für die deutsche Maschinenindustrie, dürfte ein Überblick über die jetztige wirtschaftspolitische Entwicklung Polens und seine gegenwärtige Lage sein. Polen, das mit seinen 400 000 qkm und 28. Mill. Menschen an sechster Stelle der europäischen Staaten steht, ist, dank seiner ganzen wirtschaftlichen Struktur, auf eine innige Verknüpfung seiner Handelsbeziehungen mit Deutschland angewiesen. Schon allein aus seiner Handelsstatistik ist dies ersichtlich. Der prozentuale Anteil der einzelnen Länder an Polens

---

[1]) Siehe Kap. III, S. 15/16.

Gesamtein- und -ausfuhr war im ersten Halbjahr 1922 dem Werte nach folgender:[1])

Einfuhr:

Deutschland	29,3%	Österreich	12,5%
Tschechoslowakei	9,0%	England	4,5%
Vereinigte Staaten	21,4%	Frankreich	4,2%
Rumänien	1,1%	Andere Länder	18,0%

Ausfuhr:

Deutschland	44,3%	Österreich	17,2%
Tschechoslowakei	12,3%	England	3,6%
		Frankreich	3,7%
Rumänien	4,7%	Andere Länder	16,2%
Vereinigte Staaten	0,0		

Indes die Tatsache, daß Polen, als ein Geschöpf Frankreichs, in seiner Ländergier von diesem reichlich unterstützt wurde und durch die ihm im Versailler Diktat zugedachte Stellung Deutschland schwer belasten konnte, bewirkte, daß die Beziehungen beider Länder keineswegs freundschaftliche waren und sich zeitweise zu einem scharfen Handelskrieg zuspitzten. Zu Beginn der deutsch-polnischen Beziehungen kann als Charakteristikum hervorgehoben werden, daß die erzielten Abkommen von Polen in schärfster Form sabotiert wurden. Wir erwähnen nur das deutsch-polnische Wirtschaftsabkommen vom Oktober 1919 und das Bromberger Abkommen vom 2. November 1920; in beiden Fällen ist Polen seinen Verpflichtungen nicht nachgekommen. — Die Ereignisse in Oberschlesien trugen dazu bei, die Beziehungen derart zu verschärfen, daß man deutscherseits zum Boykott gegen den Handel mit Polen schritt. Erst nach den deutsch-polnischen Vorbesprechungen, die Juli 1922 in Warschau stattfanden, hob Deutschland die Einfuhrsperre gegen Polen auf, nachdem letzteres sich verpflichtet hatte, unverzüglich Maßnahmen zu ergreifen, um das Bromberger Abkommen zu erfüllen. In den Dresdener Wirtschaftsverhandlungen im Oktober 1922 wurden dann die deutsch-polnischen Beziehungen vorläufig geregelt.

Jahr	t
1913	—
1920	rd. 1740
1921	„ 865 [2])
1922	„ 1500
1923	„ 1200

Die Wirtschaftsentwicklung des Landes läßt sich dahin charakterisieren, daß es von einer Krise in die andere taumelte und sich, dank seiner Währungszerrüttung, momentan auch wieder in einer langwierigen schweren Depression befindet. Da ihm als Parteigänger Frankreichs eine gesunde Wirtschaftspolitik mit Deutschland versperrt blieb, versuchte es (ähnlich wie die Tschechoslowakei) durch ein ausgebautes Handelsvertragssystem seine Industrie und ihre Exportaussichten zu steigern. Im Laufe der letzten Jahre schloß Polen mit folgenden Staaten Handelsverträge und Wirtschaftsabkommen:

---

[1]) Annuaire de la Pologne, Tables Statistiques, herausgegeben von J. Weinfeld, 2. Ausgabe 1922, S. 114/116.

[2]) Die Zahlen konnten, da Polen in der Reichsstatistik nicht angeführt ist, nur annähernd geschätzt werden.

1. Tschechoslowakei: Vertrag vom 20. August 1921 (noch nicht ratifiziert).
2. Frankreich:
   a) Vertrag über die Ausbeutung der Naphthaquellen in Galizien.
   b) Handelsvertrag vom 6. Februar 1922, Handelsarchiv 1922, S. 523.
3. Italien: Vertrag vom 12. Mai 1922, Handelsarchiv 1923, S. 384.
4. Schweiz: Vertrag vom 26. Juni 1922, Handelsarchiv 1922, S. 725.
5. Rumänien: Vertrag vom 1. Juli 1921, Handelsarchiv 1923, S. 290.
6. Österreich: Vertrag vom 25. September 1922, Handelsarchiv 1923, S. 214.
7. England: Vertrag vom November 1922.
8. Jugoslawien: Vertrag vom November 1922.

Alle diese Verträge, die auf der Basis der Meistbegünstigung abgeschlossen sind, lassen sich dahin charakterisieren, daß Polen durch Einräumung wirtschaftlicher Konzessionen politische Vorteile zu erhalten suchte. Man kann demnach die polnisch-französische Basis aufstellen: polnische Naphthaquellen und sonstige Vergünstigungen für Frankreich, französische Offiziere für Polen.

Die Industrie Polens krankte von Anfang an an großer Geldknappheit, und die Schuldenlast des polnischen Staates, in Schweizer Franken umgerechnet, war, wie aus nachfolgender Tabelle ersichtlich ist, zu Beginn des Jahres 1923 recht beträchtlich.

Am 1. Januar 1923 schuldete Polen in Schweizer Franken:

Amerika	984 000 441	Schweiz	73 600
Holland	29 752 600	Frankreich	356 313 764
Norwegen	16 373 686	Italien	20 259 000 [1]
Schweden	1 331 182	England	111 050 349
Dänemark	389 552		

Ein Vergleich der industriellen Werke und ihrer Arbeiterzahl in Polen — ohne Posen, Galizien und Oberschlesien — vor dem Kriege mit dem Jahre 1921 zeigt den Rückgang der eigentlichen polnischen Industrie [2].

Art der Unternehmung	1913		Ende 1921	
	Werke	Arbeiter	Werke	Arbeiter
Metallindustrie . . .	886	64 120	812	47 070
Mineralindustrie . .	857	43 224	342	21 303
Chemische Industrie .	180	11 782	182	11 284
Textilindustrie . . .	1399	176 970	877	109 661
Papierindustrie . . .	314	13 887	235	10 688
Holzindustrie	925	27 306	712	19 573
Nahrungsmittel . . .	1426	55 533	1424	39 858

Selbst der Raub Oberschlesiens, der zur Blutauffrischung bitter nötig war, konnte nach den Wirtschaftsberichten der vergangenen Jahre keine Hebung der Industrie herbeiführen. Die Gründe für diese Verhältnisse, wie auch für die gegenwärtige Absatzkrise sind zu suchen

---

[1]) Osteuropäische Wirtschaftszeitung vom 25. April 1923.
[2]) Überseepost vom 1. Juli 1922 und Annuaire de la Pologne a. a. O., S. 94.

1. im Mangel an Betriebskapital,
2. in den hohen Löhnen,
3. im Dumping ausländischer, besonders österreichischer und tschechoslowakischer Waren,
4. im ungenügenden Zollschutz,
5. in ungenügender Kontrolle bezüglich der Ausfuhr von Rohstoffen.

Am härtesten ist von diesen Krisen die Maschinenindustrie betroffen. Ihr Sitz ist hauptsächlich um Warschau und im Becken von Dombrowa. Sie sollte sich langsam entwickeln, doch erhält sie — gerade wegen ihrer Jugend — durch die erwähnten Krisen immer besonders empfindliche Nackenschläge, und die wichtigsten polnischen Industriezweige, besonders die Brauereien und Brennereien und die Zuckerindustrie, sind darum auch heute noch auf den Bezug ausländischer Maschinen angewiesen. Weiter mußte die Regierung, obwohl in Posen, Warschau und Ostrowo neue Waggonfabriken und in Czarnow Lokomotivfabriken eingerichtet wurden (denen zwar auch langfristige Regierungsaufträge erteilt wurden), viele Auslandsaufträge vergeben. Sie bevorzugte dabei die Vereinigten Staaten. — Für die deutsche Maschinenindustrie wird es immerhin möglich sein, für folgende Industriegruppen Maschinen in Polen einzuführen:

1. Ölindustrie, 2. Holzindustrie, 3. Kohlenindustrie,
4. Textilindustrie 5. Zementindustrie, 6. Lederindustrie.
7. Verkehrswesen, 8. Schiffahrt.

Die geschilderte deutsch-polnische Spannung mit der folgenden Grenzsperre hatte eine Scheinblüte der polnischen Industrie, insbesondere der Maschinenindustrie, hervorgerufen; jedoch zwang die enorme Verteuerung der Maschinen polnischer Erzeugung und ihre mindere Qualität die polnische Regierung, vom krassen Prohibitivzoll zu bedeutend verringerten Zollsätzen überzugehen, eine Einsicht, die allerdings von der in Polen sehr mächtigen französischen oder französisch orientierten Industriegruppe scharf kritisiert wurde. Maßnahmen gegen ein Valutadumping durch die Entwertung fremder Währungen sowie ein Dumping im eigentlichen Sinne hat die polnische Regierung nicht getroffen[1]). Als Schutz gegen die Entwertung der eigenen Währung hatte sie die Zahlung der Zölle in Gold angeordnet (Verordnung vom 11. Juni 1920)[2]). Bei Zahlung in Papierwährung (d. h. Kassenscheinen der polnischen Landeskasse) wurde ein Zollaufgeld (Agio) erhoben. Neuerdings, d. h. seit 1924 werden die Zölle in Schweizer Franken erhoben.

Die gegenwärtige Lage in der polnischen Industrie und nachfolgend in der Maschinenindustrie, läßt sich dahin charakterisieren: Die Auswirkungen der Inflation, die sich noch bis tief in das Jahr 1923 als wirtschaftsfördernd erwiesen, da die billigen Kredite der P. K. K. P. (Polnische Landesdarlehnskasse) an Banken, Industrie und Handel

---

[1]) Vgl. Industrie- u. Handelstag a. a. O., Kap.: Polen.
[2]) Vgl. Handelsarchiv 1924, S. 227 und 714.

diesem hohe Inflationsgewinne durch Rückzahlung in entwertetem Gelde ermöglichte, führten gegen Ende des Jahres 1923 zu einer schweren Krise: Die Wettbewerbsverhältnisse änderten sich, der Kredit wurde erschüttert, denn selbst der höchste Tagesdiskont konnte die rapide Werteinbuße der polnischen Mark nicht wettmachen. Die Notenbankemission blieb hinter der Markentwertung weit zurück. Folgende sehr interessante tabellarische Übersicht gibt uns ein Bild der Entwicklung der wichtigsten polnischen Wirtschaftsziffern im Jahre 1923[1]).

Datum	Dollarstand	Banknotenumlauf in Billionen	Teuerungsindex	Ein- und Ausfuhr in Mill. Schw. Franken	
				Einfuhr	Ausfuhr
31. Januar . .	36 000	0,909	11 826	9,365	7,058
28. Februar . .	46 000	1,177	18 250	8,149	9,397
31. März . . .	44 000	1,841	24 378	9,821	13,837
30. April . . .	48 000	2,332	26 724	10,048	10,976
31. Mai	55 000	2,734	30 297	10,170	9,451
30. Juni[2]) . .	110 000	3,566	45 857	9,191	9,451
31. Juli . . .	210 000	4,478	70 500	9,646	10,226
30. August . .	264 000	6,871	130 000	8,678	11,604
30. September .	400 000	11,100	180 000	7,888	11,096
31. Oktober . .	1 800 000	23,080	1 651 000		— [3])
30. November .	3 730 000	53,000	1 512 000	—	—
20. Dezember .	rd. 8 000 000	—	—	—	— [3])

Die Aus- und Einfuhrziffern der gebrachten Tabelle zeigen uns, welche energischen Anstrengungen Polen zur Erreichung einer günstigen Handelsbilanz gemacht hat. Die Einfuhrziffer ist von **9,365** Mill. Schw. Fr. Ende Januar 1923 auf 7,88 Mill. Ende September desselben Jahres gesunken. Die Ausfuhrziffer, die im März mit 13,837 Mill. Schw. Fr. ihren Höchststand erreicht hatte, ging in den folgenden Monaten erheblich zurück, kam aber im September wieder auf die beträchtliche Höhe von 11,016 Mill. Schw. Fr. In den aufgeführten relativ hohen Ausfuhrziffern sind in der Hauptsache Roh- und Hilfsstoffe (Kohlen, Holz, Petroleum, Salz), Halbfabrikate und vor allem landwirtschaftliche Produkte enthalten. Die geschilderte wirtschaftliche Entwicklung vernichtete die Konkurrenzfähigkeit der Industrie, sie führte die Ausfuhr von Fertigfabrikaten auf ein Mindestmaß zurück, und nach der Analyse der geschilderten Zahlungsbilanz ist es sehr die Frage, ob durch eine Steigerung der Rohstoffausfuhr, die automatisch eine Schrumpfung der Ausfuhr von Fertigfabrikaten im Gefolge hat, die Konkurrenzfähigkeit der Industrie nicht sehr geschädigt wird. Der polnischen Volkswirtschaft ist also mit solchen kurzsichtigen — wenn auch günstigen — Zahlungsbilanzen keineswegs gedient.

Trotz der momentanen Krise arbeitet die polnische Industrie unter kräftigster Unterstützung der Regierung am Aufbau der Maschinen-

---

[1]) Vgl. Berliner Tageblatt vom 19. Januar 1924.
[2]) Amtlicher Zwangskurs bis 27. Juli.
[3]) Vom statistischen Hauptamt noch nicht ausgewiesen, aber keine wesentlichen Veränderungen.

industrie. Man will als Ziel erreichen, die Einfuhr von Maschinen aus dem Auslande auf ein Mindestmaß zu beschränken, ja, wenn irgend möglich, sich gänzlich von ihr frei zu machen. Ein Ziel, das zwar heute noch in weiter Ferne liegt, dessen Verwirklichung aber Deutschland auch an seiner Ostgrenze in Polen einen gefährlichen Konkurrenten für den Maschinenexport erwachsen läßt. Polnische Meldungen noch aus dem Juli 1923 — als die westgalizische Maschinenindustrie (Bielitz-Bialergebiet) noch mit Aufträgen versehen war — berichten von einem Maschinenexport nach Südamerika, Japan und Indien, andere von einer Maschinenausfuhr nach der Schweiz und Italien. (Nach der Schweiz betrug der Wert der polnischen Maschineneinfuhr allerdings nur 0,29 % des Gesamtwertes der Schweizer Einfuhr, ein Schluß auf die anderen, wohl etwas tendenziösen Propagandameldungen mit ähnlichem realen Hintergrund scheint uns erlaubt.)

Immerhin wird Polen als Wettbewerbsland nach Überstehung der Krise und Sanierung seiner Volkswirtschaft als beachtenswerter Konkurrent Deutschlands am Weltmarkte speziell im Osten erscheinen, hingegen der Ausfuhr deutscher Maschinen nach Polen, nach den geschilderten Entwicklungstendenzen des Landes zu urteilen, schwerlich eine größere Zukunft bevorsteht.

VI. Ungarn.

Deutsche Maschinenausfuhr nach Ungarn.

Vor dem Kriege war es der Ehrgeiz der Madjaren, in Ungarn eine eigene Industrie großzuziehen, zu welchem Zwecke sie vor keinen Kosten zurückschreckten und ihre handelspolitischen Maßnahmen gänzlich auf dieses Ziel hin einstellten. Der Friedensvertrag von Trianon entriß Ungarn ungefähr die Hälfte seines Gebietes. Seine Industrien, wie die Spinnereien und Webereien, fielen an die Tschechoslowakei, seine Holzindustrie an Rumänien, die südungarischen und kroatischen Fabriken an Südslawien. So blieben ihm nur die großen Ofenpester Mühlen, die Zuckerfabriken und Brauereien und die in und um Ofenpest angesiedelte Textilveredelungsindustrie. Das verkleinerte Ungarn ist

Jahr	t
1913	—
1920	4840
1921	91
1922	337
1923	300

im wesentlichen ein Ackerbaustaat. Oberstes Ziel der ungarischen Regierung aber war es, auch nach dem Kriege ihre zertrümmerte Industrie wieder aufzubauen. Zuerst widmete man der Textilindustrie die Hauptsorge, um die Ausfuhr der rohen ungarischen Schafwolle zu unterbinden. Seit dem 1. Januar 1920 entstanden bis zum 1. Januar 1923 31 neue große Textilfabriken[1]). Der Aufbau der Maschinenindustrie leidet unter dem Mangel an eigenen Rohstoffen. Sie wird daher nie bei den gegenwärtigen Grenzen des Landes eine derartige Bedeutung erlangen, daß sie mit den unter günstigeren Produktions-

---

[1]) Bericht aus den neuen Staaten vom 1. Januar 1924.

verhältnissen arbeitenden Ländern auf dem Weltmarkte konkurrieren kann. Das Tempo der Industrialisierung Ungarns findet sein Regulativ an der wachsenden Entwertung der ungarischen Währung und der sich dadurch immer schwieriger gestaltenden Finanzierung ungarischer Unternehmungen. Die trostlosen Aussichten veranlaßten den Grafen Bethlen im Mai vergangenen Jahres zu einer Reise nach den Hauptstädten der alliierten Mächte, um die Aufhebung einer Klausel des Vertrages von Trianon, des sogenannten Generalpfandrechtes, zu erwirken, damit das Land für eine Anleihe wieder Garantien geben und seine Unabhängigkeit bewahren könne.

Die Finanzreform Ungarns wurde schließlich vom Völkerbundsrate einer aus Vertretern der Ententemächte, Ungarns und der kleinen Entente bestehenden Kommission anvertraut. Diese Finanzkontrolle war auf Forderung der Reparationskommission eingesetzt worden. Sie bedeutet die Aufgabe der ungarischen Finanzhoheit.

Die Geldarmut des Landes zog, ähnlich wie in der Tschechoslowakei und Polen, fremdes Kapital zur Hebung der Industrie ins Land. Unter französischen und anderen Interessenten war auch Hugo Stinnes vertreten und gewann durch seine Gründung der „Ferro-A.-G." und durch seine Verbindung mit der Dr. Lipptakschen A.-G. für Bau- und Eisenindustrie und sonstige Beteiligungen einen beträchtlichen Einfluß auf die ungarische Industrie. In der speziellen ungarischen Maschinenindustrie, die recht spärlich entwickelt ist, könnte man höchstens die Firma Ganz & Co. erwähnen, die durch die Turbinenlieferung für die Niagarafälle sich dauernden Weltruf erworben hat.

Trotzdem schuf die ungarische Regierung, um sich gegen die Einfuhr fremder Industrien zu schützen, scharfe Zölle und knüpfte die vorherige Erteilung einer Einfuhrbewilligung an das sogenannte Bewilligungssystem, das insofern erschwert wurde, als der Bewilligungsantrag, der beim Finanzministerium einzureichen ist, der Befürwortung der Außenhandelsgesellschaft und des Verbandes der ungarischen Eisenverbraucher- und Maschinenfabriken bedarf. Diese Bewilligung wird natürlich von den Vertretern des ungarischen Maschinenbaues sicherlich bekämpft, sowie es sich um Maschinen handelt, die Ungarn selbst — wenn auch nur in unzureichenden Mengen — herstellt. In einer Verbalnote an die deutsche Gesandtschaft versucht die ungarische Regierung ihren Standpunkt als in der wirtschaftlichen und finanziellen Lage des Landes begründet zu verteidigen und pariert die deutschen Einwendungen mit dem Hiebe, die ungarische Regierung folge lediglich dem Beispiele der deutschen. — Inzwischen war deutscherseits der Abbau der Einfuhrbeschränkungen in stärkerem Maße fortgesetzt, und auch Ungarn, das den Zinsendienst seiner Anleihe sichern will, unterzieht seit Ende 1923 seine bislang gehabte Wirtschaftspolitik einer grundsätzlichen Revision. Das System der sogenannten Absetzung von der Einfuhrfreiliste, das einem Einfuhrverbote gleichkam, soll fallen. Grundsätzlich soll jede Ware nach Ungarn hereingelassen werden, und um zu bedeutenden Mehreinnahmen zu kommen, beabsichtigt man, die Zölle ganz erheblich hinaufzuschrauben.

Ungarn hat darum schon einen neuen Zolltarif in Vorbereitung, der jedoch in der nächsten Zukunft wohl nicht in Kraft treten wird. Bislang verzollte Ungarn nach dem alten österreichisch-ungarischen Zolltarif[1]). Zwar ist der Zolltarif ein allgemeiner Tarif, die Zölle können jedoch durch Verträge ermäßigt oder gebunden werden[2]). Das Deutsche Reich genießt die Meistbegünstigung auf Grund des provisorischen Abkommens vom 1. Juni 1920[3]). Zur Anpassung der festen Zölle an die eigene entwertete Währung wird — wie in Polen und der Tschechei — der Zoll in Gold erhoben, das bedeutet, daß bei Zahlung der Zölle in Papierwährung ein Goldzollaufschlag erhoben wird, der je nach der Notwendigkeit der Waren für die ungarische Volkswirtschaft gestaffelt ist. Die Staffelung wird periodisch verändert.

VII. Deutsch-Österreich.

Deutsche Maschinenausfuhr nach Deutsch-Österreich.

Deutsch-Österreich, der Rumpf eines in territorialer wie politischer Hinsicht ehemals bedeutenden Reiches, hat durch den Krieg seine Großmachtstellung unter den Staaten der Erde eingebüßt. Nicht nur durch die Zerstückelung seines Territoriums in Einzelstaaten, sondern auch im wesentlichen durch die Bestimmungen des Friedensdiktates von St. Germain. War vor dem Kriege die Donaumonarchie für die deutsche Industrie ein Einfuhrland erster

Jahr	t
1913	65 487 (Österreich-Ungarn)
1920	14 550
1921	10 139
1922	22 987
1923	18 050

Güte — von der Maschineneinfuhr im Werte von 100 Mill. M.[4]) hatte Deutschland den Hauptanteil mit 60% —, so ist das heutige Deutsch-Österreich nur ein geringer Faktor in der deutschen Maschinenausfuhr. Das Hauptabsatzgebiet für landwirtschaftliche Maschinen, dem man eine große Zukunftsmöglichkeit beigemessen hatte, nämlich Bosnien und die Herzegowina, wurden von Österreich abgetrennt, und die sonstige Maschineneinfuhr in Textilmaschinen, Werkzeug-, Näh- und Schreibmaschinen ist ebenfalls sehr stark zurückgegangen. Österreichs Konkurrenzfähigkeit in der Maschinenindustrie auf dem Weltmarkte hat auch stark gelitten; wenn ihm auch noch einzelne Teile, z. B. 83% seiner Lokomotivfabriken[5]) und 90% seiner Automobilfabriken erhalten blieben. Anderseits spielt das heutige Österreich — insbesondere Wien — eine große Rolle als Verwaltungssitz der Industrien der Nachfolgestaaten und als Handelszentrale. Die Beziehungen Wiens als Verwaltungssitz wurden

---

[1]) Zolltarifgesetz vom 13. Februar 1906 nebst Zolltarif. Ungarischer Gesetzartikel L. 311 von 1907.

[2]) Vgl. Industrie- und Handelstag a. a. O., Kap.: Ungarn.

[3]) Handelsarchiv 1921, S. 8.

[4]) Froelich a. a. O., Kap.: Österreich. S. 47.

[5]) Vgl. Siegfr. Starnosch: Der Selbstmord eines Volkes. Wien 1921.

durch verschiedene Verträge gelöst. Hat doch beispielsweise die Tschechoslowakei mit Österreich ein Abkommen getroffen, daß alle in der
Tschechoslowakei tätigen Produktions- und Transportunternehmungen,
die bisher ihren Sitz in Wien hatten, diesen nach der Tschechoslowakei
verlegen sollen[1]), und der südslawische Staat hat verfügt, daß alle
Aktiengesellschaften ihren Sitz im Inland haben müssen. — Die scharfe
Abschließung der Grenzen dieser neuen Staaten gegen Österreich, sowie
ihre lange Zeit hindurch erfolgreichen Sabotageversuche der Sanierung
der österreichischen Finanzen durch eine internationale Anleihe brachten
dieses lebensunfähige Kleingebilde in eine sehr gefährliche Lage. Die
Anschlußbewegung an Deutschland nahm unter den dargelegten Umständen einen immer größeren Umfang an; da sie von seiten der Entente
keineswegs konzessioniert wurde[2]), anderseits aber die Überzeugung
der Lebensunfähigkeit des in jeder Richtung verstümmelten Rumpfes
Österreichs auch einigen Staatsmännern der Entente aufgegangen
war, las man um die Mitte und Wende des Jahres 1921 viel von
einer wirtschaftlichen Donaukonföderation, Deutsch-Österreich, Polen,
Tschechoslowakei, Jugoslawien, Rumänien, ein Plan, der aber bei den
drei letzten Staaten keine Gegenliebe fand. Die Anschlußbestrebungen
Deutsch-Österreichs, die nie erstickt waren, lebten nach dem Scheitern
des dargelegten Projekts wieder auf.

Inzwischen wurde die finanzielle Lage des Landes immer trostloser
und kritischer. Einige Versuche österreichischer Staatsmänner, durch
Ersuchen um Aufhebung des Generalpfandrechts ausländische Anleihen
zu bekommen, scheiterten. Schließlich zwang die fortschreitende
Währungszerrüttung die Ententestaatsmänner, für die Rettung Österreichs einiges zu leisten. Die diesbezüglichen Vorschläge kristallisierten
sich nach langen Beratungen in dem „Genfer Sanierungsprogramm"[3]),
das als Musterstück für andere etwa noch zu „sanierende" Staaten betrachtet wurde. (Seine Anwendung auf Ungarn bestätigt die dargelegte,
unter den Alliierten verbreitete Auffassung.) Das Programm hatte
einerseits einen Reformplan für die schnellste Erreichung des Gleich-
gewichts im Staatshaushalte, und anderseits die Deckung des staatlichen Defizits in der zugebilligten Übergangszeit von zwei Jahren
durch Gewährung der verlockend ausgestatteten sogenannten Völker-
bundsanleihe von 650 Mill. Goldkronen zum Kernpunkt. Der Zinsendienst aus dieser Anleihe ist sachlich durch die Verpfändung der Zölle[4])
und Tabakeinnahmen Österreichs, die an internationale Trusts abgeführt werden und persönlich durch die Garantie einiger Groß- und
Mittelmächte verbürgt. Mit der Annahme des Programms hatte sich
Österreich — wie neuerdings auch Ungarn — unter die Kontrolle der
Alliierten gegeben[5]).

---

[1]) Vgl. Norddeutsche Allgemeine Zeitung Nr. 52 vom 1. Februar 1921.
[2]) Vgl. Germania vom 3. April 1923.
[3]) Vgl. Handelsarchiv 1923, S. 149.
[4]) Nach dem Genfer Sanierungsprogramm sollen durch eine Zolltarif-
reform 80 Mill. Goldkronen jährlich eingenommen werden.
[5]) Die Lösung der finanziellen Schwierigkeiten Deutschlands nach
dem oben skizzierten Muster ist unbedingt zu vermeiden.

Die Anschlußbewegung Deutsch-Österreichs an Deutschland, sowie die Abwanderungsbewegung tschechischen und slawischen Kapitals, verbunden mit steigendem Geldmangel im Lande, begünstigten die Niederlassung deutscher Unternehmungen in Österreich. Die Aufsehen erregende Erwerbung der Alpinen Montanaktienmajorität durch einen Schweizer Strohmann für Hugo Stinnes[1]) rief nicht weniger Erstaunen hervor wie die Angelegenheit der ehemaligen Wöllersdorfer Munitionszentralwerke, die von der A. E. G. übernommen waren, aber infolge des Marksturzes und geringer Arbeitsfreudigkeit keineswegs florierten[2]). Die Berndorfer Kruppwerke sind schon lange vor dem Kriege in Österreich entstanden. Französische und englische Aktiengruppen stehen dort der Krupp-Essen-Gruppe gegenüber[3]). Bei der Beobachtung des Einzuges deutschen Kapitals und deutschen Unternehmungsgeistes in Österreich ist es noch von Interesse, festzustellen, daß bereits 1921 die Plioniswerke-Dortmund, die Rheinischen Stahlwerke Duisburg-Meiderich, die Vereinigten Stahlwerke van der Cypen-Wissen, Köln-Deutz, die Raffelsteiner Eisenwerkgesellschaft, sowie das Eisenwerk Otto Wolff in Köln ihre Interessen zum Absatze in den Ostländern der alten Wiener Firma Landsmann & Co. anvertraut hatten, welche zu diesem Zwecke die Eisen- und Stahlaktiengesellschaft in Wien gründete. Die deutsch-österreichischen Geschäfte waren zur Inflationszeit der beiden Länder je nach dem Verhältnis der Krone zur Mark für das eine oder andere Land günstig. Bei Markstürzen und durch Sanktionsmaßnahmen, die die deutschen Erzeugnisse im Preise drückten oder eine sehr große Differenz zwischen Innen- und Außenwert der Mark schafften, war die österreichische Industrie in großen Sorgen ob der deutschen Konkurrenz, hingegen die Wiener Händlerschaft, die noch aus der Vorkriegszeit über gute Verkaufsorganisationen nach dem Balkan verfügte, bald die angefüllten Transitlager Wiens etwas entleert hatte. Auch Wien verlor bei allen Krisen nicht den Glauben an eine Ausdehnungsmöglichkeit nach dem Osten.

Die Zollregelung geschieht in Österreich nach dem Gesetz vom 13. Januar 1906 nebst Zolltarif vom 1. März 1906. Für Luxuswaren gilt vom 20. Juni 1921 ab der sogenannte Finanzzolltarif[4]). Er ist ein allgemeiner Tarif. Die Zölle können durch Verträge mit fremden Staaten ermäßigt oder aufgehoben werden. Ein neuer Zolltarif ist in Vorbereitung, und obwohl der Tag seines Inkrafttretens noch nicht festgesetzt ist, kann es als Kuriosum bezeichnet werden, daß die Handelsverträge, die Österreich kürzlich mit Italien und Frankreich geschlossen hat[5]), Bezug nehmen auf den noch jetzt sich in Vorbereitung befinden-

---

[1]) Nach dem Tode von Hugo Stinnes (gest. am 10. April 1924) wurde Camillo Castiglioni zum Präsidenten des Aufsichtsrates gewählt und zum Vizepräsidenten Direktor Kux (Eskomptegesellschaft) und Generaldirektor Dr. Albert Vögler.

[2]) Vgl. Germania vom 19. März 1923.

[3]) Vgl. Berliner Börsenkurier vom 13. April 1922.

[4]) In der Fassung des Bundesgesetzes vom 24. Juli 1922; vgl. auch Industrie und Handelstag a. a. O., Kap.: Österreich. S. 44.

[5]) Vgl. Board of Trade vom 12. Juli und 2. Juli 1923.

den neuen Zolltarif und nicht auf den Tarif, der augenblicklich in Kraft ist. Die Zölle sind, wie auch bereits in der Vorkriegszeit in der Donaumonarchie, in Goldwährung festgesetzt[1]), je nachdem es sich um Luxuswaren oder dem Finanzzolltarif unterliegende Waren, oder um andere Warengruppen handelt, sind die Zollzahlungsbestimmungen verschieden. Die volle Goldparität, welche für Luxuswaren und für unter den Finanzzolltarif entfallende Waren zu entrichten ist, wird wöchentlich durch die österreichisch-ungarische Bank festgesetzt. Für einen Teil der dem Finanzzoll unterliegenden Waren sah man zwar eine Milderung vor, indem bis auf weiteres nur ein Teil der vollen Goldparität erhoben wurde. Für alle übrigen Waren (auch für Maschinen) wurde vom Bundesministerium der Finanzen für Zahlungen in Papier ein Zollaufschlag festgesetzt, der variabel[2]) ist. Dies gilt für Gewichtszölle (unter anderem Maschinen). Bei Wertzöllen hat die Verzollung nach dem effektiven Wert ohne Aufschlag zu erfolgen. Der Entwurf zum neuen Zolltarif wurde Ende Mai 1924 dem österreichischen Nationalrat vorgelegt. Er sieht mäßige Agrarzölle und hohe Zölle für Fertig- und Halbfabrikate vor.

Bis vor Jahresfrist bestanden lediglich Meistbegünstigungsabkommen mit Deutschland, der Tschechoslowakei, Ungarn, Südslawien, der Schweiz, Polen, Rumänien und Bulgarien. — Von den im Kriege neutral gebliebenen Staaten wandten die Niederlande, Dänemark, Schweden und Norwegen die alten Handelsverträge Österreich gegenüber auch weiter an, der Export nach diesen Ländern konnte sich ungestört entwickeln. Um jedoch die noch abseits stehenden mitteleuropäischen Gebiete in das Handelsvertragssystem mit einzuziehen, wandte sich die österreichische Regierung zu Beginn des Jahres 1922 an alle europäischen Staaten, mit denen die einstige Donaumonarchie Handelsverträge hatte, mit dem Ersuchen, in Verhandlungen über den Abschluß von Handelsverträgen oder über die Ausgestaltung schon bestehender Vereinbarungen zu treten. Von wesentlichem Interesse mußte es für Österreich sein, vor allem mit Italien und Frankreich zu Handelsvertragsabschlüssen zu kommen. — Die Verhandlungen mit Italien führten dann auch im April 1923 zum Abschluß eines Handelsvertrags[3]), der als erster österreichischer Nachkriegsvertrag tarifarische Vereinbarungen für wichtige österreichische Exportartikel enthält, während die obenerwähnten Meistbegünstigungsabkommen dieses nicht zu leisten vermochten. Sie schützten die österreichischen Erzeugnisse wohl vor differenzierter Behandlung auf zolltarifarischem Gebiete, nicht aber vor autonomen Zollerhöhungen durch den Vertragsteil. Frankreich[4]), das — wie an anderer Stelle ausgeführt wurde — von dem System der

---

[1]) § 89 des Zollgesetzes vom 10. Juni 1920.

[2]) Gegenwärtig das 10 000 fache der tarifmäßig festgesetzten Goldzollbeträge; außerdem erhebt Österreich von sämtlichen Einfuhrgütern eine Umsatzsteuer, die am Zollamt erhoben und je nach Art der Ware verschieden hoch angesetzt ist. Für Maschinen beträgt sie durchschnittlich 6% vom Einfuhrwert; als Einfuhrwert gilt: Fakturierter Wert plus 6% vom Frachtbetrage plus Verzollungsspesen plus Zoll.

[3]) Handelsarchiv 1923, S. 792, und 1924, S. 290.

[4]) Handelsarchiv 1923, S. 755.

allgemeinen tarifarischen Meistbegünstigung abgewichen ist und nunmehr individuelle Zollermäßigungen gewährt, räumte Österreich in einem kurze Zeit später abgeschlossenen Vertrage für verschiedene Exportartikel den französischen Minimaltarif oder Abschläge vom Generaltarif ein, so daß Österreich dadurch gegenüber Deutschland wesentlich günstiger gestellt wurde. — Weitere Verträge auf dem Grundsatze der gegenseitigen Meistbegünstigung wurden im Verlauf von 1923 mit Dänemark[1]), den Niederlanden, Portugal und Japan abgeschlossen. Die Tatsache, daß Belgien[2]), trotzdem ihm Österreich auf Grund des Friedensvertrages von St. Germain die einseitige Meistbegünstigung zugestanden hatte, auch seinerseits Österreich eine — wenn auch nur auf einige Artikel beschränkte — Meistbegünstigung bis zu dem Zustandekommen eines definitiven Meistbegünstigungsvertrages gewährte, verdient mit Rücksicht auf die im folgenden Kapitel behandelten, bedeutend ungünstigeren deutsch-belgischen Handelsbeziehungen[3]) besonders hervorgehoben zu werden. Im besagten österreichisch-belgischen Vertrag hat sich die belgische Regierung nur das Recht gesichert, gegebenenfalls einige Artikel mit höheren als den im Vertrag mit Frankreich vereinbarten Zöllen zu belegen, und zwar handelte es sich um folgende Waren: Sperrholzplatten, Fässer, Buchenholzmöbel usw. Automobile genießen bei der Einfuhr in Belgien die Meistbegünstigung, doch hat sich die belgische Regierung das Recht reserviert, evtl. ein jährliches Kontingent von 180 Automobilen festzusetzen, für die der Minimalzoll in Anwendung kommt. Für den darüber hinausgehenden Teil dürfen höchstens um 15 % erhöhte Gewichtszollsätze des französischen Vertrages angesetzt werden. Immerhin geht aus dem Gesagten hervor, daß es Österreich gelungen ist, wieder zu recht günstigen Handelsvertragsabschlüssen zu kommen.

Über die Balkanstaaten im Rahmen dieses Abrisses zu sprechen, der nur einen Überblick geben soll über die Entwicklung in den Nachbarländern, sowie in den wichtigsten Absatz- und Wettbewerbsländern, und der nur Fragen behandeln soll, die zum Verständnis und zur Charakterisierung der behandelten Staaten erörtert werden müssen, wäre zu weitläufig. Zur Orientierung geben wir über die deutsche Maschinenausfuhr nach den Balkanstaaten nur kurz folgende Daten:

Deutsche Maschinenausfuhr nach den Balkanstaaten.

	1913 t	1920 t	1921 t	1922 t	1923 t
Serbien	2 130		1 120	295	
Rumänien	17 251			30 320[4])	
Griechenland . . .	1 622				
Bulgarien				1 712	

[1]) Vgl. Handelsarchiv 1923, S. 879.
[2]) Moniteur Belge, Nr. 238, vom 26. August 1923, S. 4222.
[3]) Vgl. Kapitel VIII, S. 38/39.
[4]) Die hohe Ausfuhrziffer des Jahres 1922 ist in Rumäniens durch den Krieg erworbenen Gebieten der ehemalig österreichisch-ungarischen Monarchie begründet.

Rußland, das auch bei schärfster Beschränkung des Stoffes Beachtung verdient, soll wegen seiner außergewöhnlichen Stellung am Ende des Abrisses behandelt werden. Somit wäre es an der Zeit, sich mit Deutschlands westlichen Nachbarn, Belgien und Holland, zu beschäftigen.

VIII. Belgien.

Deutsche Maschinenausfuhr nach Belgien.

Das stark industrialisierte Belgien war schon vor dem Kriege ein außerordentlich aufnahmefähiges Land für Maschinen aller Art. Von Deutschland wurden für über 40 Mill. M. Maschinen nach Belgien eingeführt[1]), von Frankreich dagegen nur etwas über 7 Mill. M. Von dem 66 Mill. M. hohen Gesamtbetrage der Vorkriegsmaschineneinfuhr Belgiens kam auf Deutschland rd. 61 %, auf England 20 %, der Rest verteilte sich auf die verschiedenen Länder. Belgiens Vorkriegsmaschinenausfuhr belief sich auf einen Gesamtwert von nahezu 160 Mill. M. Der größte Teil entfiel auf Eisenbahn- und Straßenbahnwagen, die nach Argentinien, Brasilien, China, Ägypten, dem Kongostaat, dem Balkan und Italien ausgeführt wurden.

Jahr	t
1913	38 801
1920	21 153
1921	18 498
1922	29 583
1923	9 000

Man sieht, Belgiens Außenhandel in Maschinen hatte einen recht ansehnlichen Aktionsradius. Die außerordentlich wenig gegliederte belgische Handelsstatistik läßt eine Detaillierung in einzelnen Maschinengattungen nicht zu. Deutschlands schärfster Konkurrent auf dem belgischen Maschinenmarkt — insbesondere bei der Einfuhr von Textilmaschinen — war und ist noch heute Großbritannien.

Nach der im Jahre 1914 veröffentlichten Monographie des Ministeriums für Arbeit und Industrie über die „Industrie de la Construction mécanique" gab es im Jahre 1911 in Belgien 641 Maschinenfabriken, unter ihnen waren die Mehrzahl kleinere Betriebe und gehörten zu den sogenannten „Grenzfällen" zwischen Maschinenfabrik und Reparaturwerkstätte[2]). Einige große Fabriken, die sich um Lüttich, Charleroi und Brüssel, sowie Gent und Antwerpen konzentrieren, ragen unter ihnen hervor[3]).

Belgien gehörte zu den zwölf Ländern, die mit Deutschland vor dem Kriege in einem Handelsvertragsverhältnis standen[4]).

---

[1]) Siehe Froelich a. a. O., Abschnitt: Belgien. S. 53.

[2]) Vgl. Froelich a. a. O., S. 16 ff.

[3]) Vgl. „Die Hauptindustrien Belgiens", herausgeg. von der Landesstelle Belgien für Rohstoffversorgung. 1918.

[4]) Nach Horstmann a. a. O. im Gegensatz zu den Ländern, die mit Deutschland lediglich Meistbegünstigungsverträge ohne tarifarische Vereinbarungen geschlossen haben. Zu den ersteren gehörten Rußland mit Finnland, Österreich-Ungarn, Belgien, Italien, die Schweiz, Schweden, Rumänien, Japan, Portugal, Griechenland, Serbien und Bulgarien; bei den letzteren unterscheidet man a) einseitige Meistbegünstigung für Deutschland (China und Siam); b) beiderseitige, unbedingte Meistbegünstigung: Dänemark, Norwegen, Niederlande, Liberia, Persien, Ekuador, Paraguay, Marokko, Türkei, Ägypten, Kolumbien, Abessynien, Montenegro, Bolivien, Venezuela, Großbritannien; c) bedingte Meistbegünstigung: die Vereinigten Staaten (Reziprozitätssystem), Argentinien, Chile.

3 *

Nach dem Kriege war es Belgiens oberstes Ziel, seine Industrie und ihre Exportfähigkeit wieder zu heben; einem Berichte der im Juli 1919 von der belgischen Regierung eingesetzten Studienkommission zufolge[1]) wurde neben der Gründung von Ausfuhrvereinigungen der Handels- und Industriekreise zwecks Auskunftserteilung namentlich die Schaffung eigener Vertretungen im Auslande und eigener Ausfuhrhäuser vorgeschlagen. Da Belgien sich vor dem Kriege zumeist ausländischer Vertreter bedient hatte, war es nötig, diesem Mangel durch Einrichtung geeigneter Bildungsstätten und durch Gewährung genügender Geldmittel abzuhelfen. Der Ausbau der Handelsmarine sollte die geplanten Maßnahmen wirksam unterstützen. Ein aus Vertretern von Behörden, großen Fachverbänden, Handelskammern usw. zusammengesetzter „Rat für den Außenhandel" sollte der Regierung beratend zur Seite stehen und durch Herausgabe einer Fachzeitung für die Verbreitung von Handelsnachrichten sorgen. Die staatliche Unterstützung war als Hand in Hand gehend mit der privaten gedacht. — Schon aus dieser kurzen Skizze kann man unschwer die Verwandtschaft belgischer und französischer Ideen zur Hebung des Außenhandels feststellen[2]). Außer den später zu behandelnden Schutzmaßnahmen gegen deutschen Wettbewerb seitens der belgischen Regierung zeigte sich bald nach dem Kriege in der englischen und französischen Industrie die Neigung, mit der belgischen zu festeren Zusammenschlüssen zu kommen — eine Bewegung, die bis heute in privatwirtschaftlicher — nicht in wirtschaftspolitischer Beziehung[3]) bei Belgien-Frankreich zu beobachten ist. So haben z. B. unter Mitwirkung der größten Stahl- und Walzwerke sowie Schiffswerften und Eisenbahngesellschaften vier Großfirmen der englischen Elektroindustrie schon kurz nach dem Kriege die „English Electric Company" gegründet. Ende 1918 wurde von den Unternehmungen in Verbindung mit führenden belgischen und französischen Industriefirmen eine Gesellschaft „Constructions Electriques du Rhône" gegründet, die das Recht erhielt, sämtliche Patente der englischen Gesellschaft zu verwerten und den Generalvertrieb der Erzeugnisse dieses Unternehmens für Frankreich, Belgien, Italien und Holland zu übernehmen. Das gegründete Unternehmen wurde 1920 unter Mitwirkung der Werke Singrun in Epinal in eine neue Unternehmung „Compagnie Electrique de France" umgewandelt, mit einem Aktienkapital von 40 Mill. Fr. Sie bekam große Aufträge für die Elektrisierung der „Compagnie des Chemins de fer du Midi". Außerdem wurde in Verbindung mit zwei belgischen Industriefirmen von den „Constructions Electriques du Rhône" für Belgien eine „Compagnie Electrique de Belgique" mit einem Aktienkapital von 35 Mill. Fr. gebildet. Die Benutzung der englischen Kon-

---

[1]) Zur Schaffung einer Organisation zwecks Förderung des belgischen Außenhandels. Vgl. auch Industrie- und Handelsztg. vom 3. September 1920. Nr. 197.

[2]) Vgl. Kap. III, S. 14 ff.

[3]) Auch England lehnte es in der Folgezeit ab, bei seiner Handelspolitik mit Belgien politische Motive wirtschaftlichen voranzustellen.

struktionen übertrug man der französischen Firma für Frankreich und Italien, und dem belgischen Unternehmen für Belgien, Holland und Luxemburg. Diese Zusammenschlußbestrebungen, die sich in der Zwischenzeit bedeutend verstärkten, fanden durch eine belgische Handelspolitik[1]) mit ziemlich deutlich wahrnehmbarer Spitze gegen Deutschland große Unterstützung. Freilich ist die Wurzel der deutschfeindlichen Handelspolitik hauptsächlich auf französischen Einfluß zurückzuführen. Hat doch Frankreich im französisch-belgischen Wirtschaftsabkommen, das bis jetzt allerdings noch nicht ratifiziert ist, eine bedeutende Erhöhung der belgischen Einfuhrzölle gegenüber Deutschland durchzudrücken vermocht. Zwar verpflichtete sich die belgische Regierung, die Sätze ihres gegen Deutschland gerichteten Maximaltarifs so zu erhöhen, daß sie zusammen mit den von den entsprechenden belgischen Produkten bei der Einfuhr nach Frankreich zu erlegenden Gebühren mindestens die Höhe der französischen Eingangszölle für Waren deutschen Ursprungs erreichen. Der belgischen Regierung wurde weiter die Verpflichtung auferlegt, die neuen Zolltarife zusammen mit dem belgisch-französischen Abkommen in einem Mantelgesetz zu vereinigen und zur Abstimmung zu bringen; eine Bestimmung, die von der Furcht zeugt, die man auf französischer Seite vor dem Widerstande seitens gewisser Wirtschaftskreise und des Parlaments gegen den von Paris aus diktierten Zollkrieg gegen die deutsche Einfuhr hatte. Ein derartiger Zoll würde allerdings, wenn er zur Anwendung käme, eine Prohibitivmaßnahme krassester Form bedeuten[2]). Der sonstige Inhalt des französisch-belgischen Handelsvertrages, der als Abschluß einer französisch-belgischen Wirtschaftspolitik bezeichnet werden muß, die auf seiten Frankreichs als leider unerreichbares Ideal die Zollunion mit den kleinen Nachbarn zum Ziele hatte, ist durchaus nicht von dem allgemein üblichen Typus abweichend. Im Verlaufe der Verhandlungen zeigte es sich, daß Belgien keineswegs gewillt ist, sich restlos ins Schlepptau französischer Politik zu begeben. Immerhin ist vorläufig, wie in Polen und der Tschechoslowakei, festzustellen, daß der französische Einfluß trotz ziemlich beträchtlicher Widerstände bei der Einstellung Belgiens Deutschland gegenüber vorherrschend ist. Die Sanktionierung der Ruhrpolitik Frankreichs, die Belgien infolge des Koksausfalls und sonstiger Absatzstockungen in zeitweise erhebliche Wirtschaftsnöte brachte, sowie die nunmehr zu behandelnde belgische Zollpolitik Deutschland gegenüber beweisen dies deutlich. Die Fäden, die zwischen Paris und Prag, Warschau, Brüssel, Rom, Madrid gesponnen werden zur unbedingten Verhinderung einer neuen Blüte

---

[1]) Vgl. Frankfurter Ztg. vom 27. Mai 1923, Nr. 382.

[2]) Vorläufig brachte der skizzierte Handelsvertrag, der durch das belgische Parlament abgelehnt wurde, im Februar 1924 das belgische Kabinett zu Falle. Die Opposition gegen die deutschfeindlichen Zollbestimmungen wird vor allem von dem linken Flügel betrieben. In neuester Zeit mehren sich sogar die Stimmen, die für den Abschluß eines günstigen Handelsvertrages mit Deutschland plädieren.

des deutschen Handels lassen sich auch bei der Betrachtung der belgischen Handelspolitik unschwer aufdecken.

Schon seit über einem Jahre ist ein neuer Zolltarif für Belgien in Vorbereitung und liegt seit kurzem der belgischen Kammer zum Vorentwurf vor. Verschiedene Positionen, die bislang der Verzollung ad valorem unterlagen, sollen in spezifische Sätze umgewandelt werden. Wo vor dem Kriege schon spezifische Sätze bestanden haben, plant man vorerst eine Verdoppelung derselben und will sie für die Einfuhr von Waren aus alliierten Ländern mit vier, für die Einfuhr deutscher Waren mit acht multiplizieren. Der dazu noch bedeutend unterteilte neue Tarif[1]) würde demnach in einen Maximal- und einen Minimaltarif zerfallen. Es hätten nach ihm — um ein Beispiel zu geben — Automobile $160 \times 4 = 640$ Fr. je 100 kg, deutsche Automobile 160×8 $= 1280$ Fr. je 100 kg zu zahlen[2]). Vorerst, das heißt bis zum Inkrafttreten des neuen Tarifes, wendet Belgien den etwas modifizierten Zolltarif von 1906 an, der am 31. März 1921 gewisse Veränderungen erfahren hat und durch die Gründung der belgisch-luxemburgischen Zollunion (1. Mai 1922) nunmehr für die Gebiete beider Länder Gültigkeit besitzt. Neben dem alten Zolltarif kommt bei der Verzollung eine Tabelle von Vervielfältigungskoeffizienten, mit denen die spezifischen Zollsätze zu multiplizieren sind, in Anwendung. Betreffs der Höhe der Zölle ermächtigt Art. I des Gesetzes vom Jahre 1902[3]) die Regierung, denjenigen Ländern, die in keinem Vertragsverhältnis zu Belgien stehen, in Zollangelegenheiten einstweilen die Rechte der meistbegünstigten Nationen zuzugestehen, wenn Belgien in diesen Ländern ebenfalls die Meistbegünstigung genießt; Art. II besagt, daß Waren aus Ländern, die mit Belgien in keinem Vertragsverhältnisse stehen und Belgien nicht die Meistbegünstigung gewähren, einem Zuschlag von 50 % auf die tarifmäßigen Zölle und Waren, deren Einfuhr nach dem Tarife zollfrei ist, einem Wertzoll von 15 % unterworfen werden können. Gleichwie Frankreich, die Tschechoslowakei und Deutsch-Österreich bedient sich Belgien des schon mehrfach besprochenen Systems der Vervielfältigungskoeffizienten, jedoch mehr zur Korrektion seiner Zölle im allgemeinen.

Auf Grund königlicher Verordnung[4]) hatte Belgien außerdem noch einen Spezialtarif für deutsche Waren eingeführt, der vor Ablauf seiner Geltungsdauer bislang regelmäßig verlängert wurde. Dieses Muster Antidumpinggesetz belegt deutsche Waren in der Hauptsache mit Wertzollzuschlägen von 10—30 % zu den Sätzen des gewöhnlichen Tarifs. Als Zollwert wird bei den mit Wertzoll belegten Waren gemäß Art. III des Gesetzes vom 8. April 1922 der innere belgische Marktwert zugrunde gelegt. Um für die belgischen Zollbehörden Anhaltspunkte

---

[1]) Der gegenwärtig gültige Tarif ist bezüglich der Maschinenpositionen äußerst dürftig gegliedert.

[2]) Vgl. auch Industrie- u. Handelsztg. vom 23. Dezember 1922, Nr. 288 und Board of Trade vom 29. März 1923.

[3]) Handelsarchiv 1902, S. 607.

[4]) Antidumpinggesetz, Handelsarchiv 1921, S. 632 und 1922, S. 277.

über die Werthöhe der einzelnen Warengattungen zu schaffen, veröffentlichte die belgische Regierung sogenannte Wertschätzungstabellen, in denen (wir berücksichtigen nur den Maschinenbau) der Wert der einzelnen Maschine pro Kilogramm berechnet ist. Die in dem Spezialtarif nicht aufgeführten Waren bleiben den Zollsätzen des allgemeinen Tarifs unterworfen. Das soeben geschilderte Antidumpinggesetz findet hauptsächlich gegen Deutschland Anwendung. (Man erinnere sich dagegen des günstigen österreichisch-belgischen Handelsvertrages!) Allerdings wurde durch Gesetz vom 29. Mai 1923 mit Wirkung ab 11. Juni 1923[1]) auch die unterschiedliche Zollbehandlung deutscher und tschechischer Waren aufgehoben. Augenscheinlich wollte sich Belgien mit dieser Maßnahme für künftige Wirtschaftsverhandlungen gegenüber der Tschechoslowakei eine günstige Stellung verschaffen. Ein Grund, der uns voll stichhaltig erscheint, wenn wir uns der scharfen Einstellung der Tschechoslowakei gegenüber allen ihren Handels- bzw. Handelsvertragsgegnern erinnern[2]).

Die Wirtschaftslage in Belgien hat sich, wie folgt, entwickelt: Nach der scharfen Depression, die kurz nach dem Weltkrieg einsetzte, deren Höhepunkt erst August 1921 überschritten wurde, besserte sich die Lage im Laufe des Jahres 1922 zusehends. Die leichte Senkung des Frankenkurses (1 Dollar kostete April 1922 11,74 Fr., November 1922 etwa 15 Fr.) trug dazu bei, die Besserung wesentlich zu beschleunigen. Frankreichs Ruhrpolitik bedeutete für die belgische Industrie eine ziemliche Belastungsprobe: Produktionseinschränkungen, Arbeitslosigkeit, fortschreitende Entwertung des Franken (Anfang Juni 1924 1 Dollar = 24 Fr.), Störungen von Handel und Verkehr waren die Folgen. Immerhin gelang es Belgien seit Kriegsende, dank einer oben gestreiften großzügigen Handelspolitik, seinen Außenhandel fast wieder auf die Höhe von 1913 zu bringen. (Seine Einfuhr betrug im 2. Vierteljahr 1923 69%, seine Ausfuhr 62% der im Jahre 1913 getätigten[3]).) Handelsverträge hat Belgien mit folgenden wichtigen Wettbewerbsländern geschlossen:

23. November 1920[4]): Belgien mit Brasilien (Brasilien eröffnet Belgien einen Kredit von rund 350 Millionen und ermäßigt seine Zölle für Wagen und Kühlapparate und anderes um 20%).

30. Dezember 1922[5]): Belgien mit Polen (Handelsvertrag auf der Basis der gegenseitigen uneingeschränkten Meistbegünstigung).

Oktober 1923: Belgien mit Österreich (siehe Text Kap. VII, S. 34).

Nach einer Auskunft des belgischen Ministeriums des Äußeren (vgl. Handelseildienst Nr. 20 v. 18. Febr. 1924) bestehen auf Grund älterer und

---

[1]) Vgl. Handelsarchiv 1923, S. 474, 1924, S. 104.
[2]) Vgl. Kap. IV, S. 18/19.
[3]) Vgl. Deutsche Bergwerksztg. vom 19. Dezember 1923.
[4]) Vgl. Handelsarchiv 1922 und Industrie- u. Handelsztg. vom 23. November 1920, Nr. 266, Handelsarchiv 1920, S. 588.
[5]) Vgl. Handelsarchiv von 1923 und Industrie- u. Handelsztg. vom 25. Januar 1923.

jüngerer Verhandlungen noch folgende belgische Handelsverträge mit wichtigen Absatz- oder Wettbewerbsländern wie Kanada, China, Dänemark, den Vereinigten Staaten, Italien, Norwegen, Holland, Schweden, Schweiz, und provisorische Abkommen mit Spanien, Frankreich und England. Außer mit Spanien und Kanada sind sämtliche Verträge auf dem Grundsatz der gegenseitigen Meistbegünstigung abgeschlossen worden.

Allen diesen Ländern gegenüber — wir betonen es noch einmal — ist Deutschland bedeutend benachteiligt, denn wenn auch die strikten Einfuhrverbote vom Jahre 1920 aufgehoben sind, so lasten die geschilderten Zollmaßnahmen doch schwer auf der deutschen Industrie und verhindern ein Aufblühen der belgisch-deutschen Handelsbeziehungen im Vorkriegsumfange ganz wesentlich.

IX. Niederlande.

Die Niederlande, die zur Vervollständigung unserer Ausführungen über die westlichen Nachbarn und ihre Beziehungen zu Deutschland noch kurz behandelt werden sollen, verdienen vor allem als Durchgangsland Beachtung. Sie sind das Notventil für die deutsche Maschinenausfuhr, wenn die anderen Nachbarn (Frankreich und Belgien) ihre Grenzen Deutschland gegenüber sperrten oder zu scharf bewachen. Für diese Annahme spricht zweifelsohne die hohe deutsche Ausfuhrziffer nach den Niederlanden, die wir im folgenden wiedergeben:

Deutsche Maschinenausfuhr nach den Niederlanden.

Die Niederlande leben mit Deutschland in den freundschaftlichsten Handelsbeziehungen (Handelsvertrag vom 31. Dez. 1851)[1]). (Die Einfuhr von Maschinen ist mit einer Ausnahme zollfrei.) Erwähnenswert ist noch die Tatsache, daß Hollands Haupthandelsplatz Amsterdam bei der gegenwärtigen Geldknappheit in Deutschland für die deutsche Industrie sich als Kreditzentrale ersten Ranges erwiesen hat, nachdem während der Inflationsjahre holländische Staatspapiere eine sichere Anlage für deutsche Rücklagen gewesen waren. Allerdings trug

Jahr	t
1913	29 946
1920	80 468
1921	35 500
1922	42 533
1923	21 000

die Inangriffnahme dieser Reserven — wodurch die Staatspapiere wieder auf den Markt kamen — wesentlich zu der gegenwärtigen Übersättigung des holländischen Anleihemarktes bei[2]).

X. Die nordischen Staaten.

A. Schweden.

Deutsche Maschinenausfuhr nach Schweden.

Es verlohnt sich, zur Vervollständigung unseres Überblicks die Wirtschaftslage der nordischen Staaten kurz zu streifen. Insbesondere

---

[1]) Vgl. Horstmann a. a. O., Abschn.: Niederlande, S. 14, und Die Handelsverträge des Deutschen Reiches 1901, S. 503 ff.

[2]) Vgl. Deutsche Allgemeine Zeitung vom 3. Juni 1924: „Die Übersättigung des holländischen Anleihemarktes".

dürften die wirtschaftliche Entwicklung Schwedens und seine Handelsbeziehungen zu Deutschland interessieren. Schwedens Einfuhr an Maschinen belief sich vor dem Kriege auf rd. 22 Mill. M.[1]), Deutschland lieferte davon die Hälfte, Großbritannien etwa ein Fünftel, die Vereinigten Staaten noch weniger. In der Hauptsache wurden Textilmaschinen, Kraftfahrzeuge, landwirtschaftliche Maschinen, Nähmaschinen, Maschinen für die Zuckerindustrie und für die Papierherstellung eingeführt. Schwedens Maschinenausfuhr betrug rd. 27 Mill. M. In der Hauptsache waren es landwirtschaftliche Maschinen (Sondermaschinen für die Milchwirtschaft) und Motore, Werkzeugmaschinen und Textilmaschinen, die in Frage kamen. Schon vor dem Kriege zeigte sich in Schweden die Neigung, die Deckung des Maschinenbedarfs für die ausgedehnten Papierfabriken und Holzschleifereien selbst zu übernehmen und überhaupt die Maschinenindustrie

Jahr	t
1913	8 913
1920	22 950 [2])
1921	6 681
1922	6 601
1923	5 000

und ihren Export zu fördern. Der Krieg begünstigte diese Bestrebungen ungemein. Die Abschnürung deutschen Handels und vor allem die Umstellung der deutschen Industrie auf Kriegsbedarf ließ die schwedische Maschinenindustrie emporblühen. Die folgende Tabelle gibt eine Übersicht über die Jahreserzeugnisse einiger Zweige der Metallindustrie von 1906 bis 1917 und veranschaulicht mit dem Jahresdurchschnitt von 1916 bis 1920 den rapiden Aufschwung während des Krieges.

Jahreserzeugung einiger Zweige der Metallindustrie in 1000 Kr.[3]) 1906—1917.

Erzeugnis	Jahresdurchschnitt		$\frac{1916}{1920}$	1914	1915	1916	1917
	1906—10	1911—15					
Dampfmasch. .	6 882	6 239	17 115	8 414	7 979	10 458	15 365
And. Antr.-M. .	7 604	16 685	39 847	16 580	18 099	30 613	42 346
Landw. Masch.	9 147	13 079	34 190	14 038	13 409	21 644	30 794
Milchentr.-M .	10 656	14 155	36 648	14 331	14 285	31 480	37 239
And. M. u. Eisw.	91 033	142 709	446 303	156 478	197 598	301 493	431 892
Eisenbahnw. .	7 209	9 477	13 393	9 925	12 962	13 477	10 908
And. Wagen .	2 311	5 244	13 784	4 929	6 614	9 408	11 923
Fahrräder . .	4 490	7 082	19 949	8 178	8 809	15 342	19 053
Wasserfahrz. .	12 262	19 733	96 644	24 659	25 292	46 271	65 400
Elektr. M., App. u. Leitungen	18 512	32 269	117 287	33 878	45 844	71 884	104 615

Interessant ist es, im Anschluß an die Schilderung der Kriegskonjunktur darauf hinzuweisen, daß Schweden das erste Land ge-

---

[1]) Vgl. Froelich a. a. O., Abschn.: Schweden, S. 58.

[2]) Die hohe Ausfuhrziffer deutet darauf hin, daß auch Schweden wie die Niederlande 1920, d. h. zur Zeit der Einfuhrverbote in die feindlichen Länder, Durchgangsland für deutsche Maschinen nach den besagten Ländern war.

[3]) Vgl. Zwanglose Mitteilung des V. d. M. A. 1920: Die Aus- und Einfuhr Schwedens, und Statistic Årsbok för Sverige 1923, S. 94/95.

wesen ist, in dem während des Krieges das Problem der Goldinflation und ihrer Bekämpfung Wissenschaft und Wirtschaft beschäftigte. Der dauernde Goldzustrom in das Land aus allen kriegführenden Staaten, für die Schweden als Erzlieferant in Frage kam, und die schließliche Goldübersättigung der schwedischen Wirtschaft, senkten den Stand der schwedischen Krone an allen Plätzen der Welt und veranlaßten die Regierung im Sommer 1917, die Goldeinfuhr zu verbieten. Waren, die vom Ausland fernerhin noch in Schweden gekauft wurden, durften nur noch mit Waren beglichen werden, eine Maßnahme, die nach Besserung der Verhältnisse wieder aufgehoben wurde[1]).

Das Einsetzen des ausländischen Wettbewerbes nach dem Kriege brachte die schwedische Industrie in große Gefahr, und schon zu Beginn des Jahres 1920 hatte sich der schwedische Maschinenverband mit einer dringenden Eingabe an die Regierung gewandt, in der er im Hinblick auf den übermächtigen ausländischen (deutschen[2])) Wettbewerb Zollschutz für Maschinen forderte. In besagter Eingabe wurde u. a. festgestellt, daß die Stockung in der Maschinenindustrie im wesentlichen auf den Ausfuhrrückgang zurückzuführen sei, anderseits sei es auch von größter Wichtigkeit, daß der einheimische Markt der schwedischen Maschinenindustrie vorbehalten bleibe[3]). Nachdem die Weltwirtschaftskrisis, die für Schweden ihren Höhepunkt um die Mitte des Jahres 1921 erreicht hatte, langsam überwunden war, erholten sich die Holz- und Montanindustrien sehr rasch und ihre Exportziffern überstiegen bald die der Vorkriegszeit, während bei der mechanischen Industrie die Ausfuhrziffer und der Beschäftigungsgrad ständig zurückgingen, so daß die Ausfuhrprodukte Schwedens auf dem Gebiete der Maschinenindustrie — Kugellager, Motore, Separatoren u. a. — sich ständig unter dem Niveau des Jahres 1913 bewegte. Die Besserung in der Montanindustrie war allerdings auch nur von kurzer Dauer. Rief doch die Ruhrbesetzung eine der heftigsten Krisen des schwedischen Erzbaues hervor. Durch den Produktionsausfall in dem Invasionsgebiet, das als Hauptabnehmer schwedischer Erze auf dem dortigen Markt auftritt, mußten während 1923 etwa 64 % der im schwedischen Erzbau beschäftigten Arbeiter entlassen werden. Die Anzahl der im Maschinenbau beschäftigten Arbeiter zu Beginn des Jahres 1923 geht auf folgender Zusammenstellung hervor, der wir zum Vergleiche die gleichen Daten in der elektrischen Industrie und der Schiffswerftenindustrie gegenüberstellen. (Siehe Tabelle S. 43.)

Aus der Zusammenstellung sehen wir deutlich die schwere Krise, die die mechanische Industrie von 1920 bis Ende 1922 durchgemacht hat. Erst Januar 1923 macht sich eine allmähliche Besserung bemerkbar. Der Ordereingang war innerhalb der verschiedenen Maschinengruppen sehr schwankend. Zeitweise waren die Hersteller von land-

---

[1]) Seit Herbst 1922 hat die schwedische Krone ihren früheren Goldwert zurückerhalten.

[2]) Vgl. die hohen Ausfuhrziffern deutscher Maschinen zu Beginn des Kapitels.

[3]) Wiedergegeben in der schwedisch-wirtschaftl. Rundschau 1923, Nr. 1.

Arbeiterzahl in der schwedischen Industrie[1]).

Zeit	Mechanische Industrie	Elektrische Industrie	Schiffswerft-Industrie	Gesamt-summe
1. September 1920 . . .	41 600	7 500	10 900	60 000
1. Juli 1921	21 500	5 000	5 900	32 400
1. Oktober 1921	19 900	4 200	4 700	28 800
1. Januar 1922	18 900	4 000	4 100	27 000
1. April 1922.	17 600	3 600	4 000	25 200
1. Juli 1922	18 700	3 700	4 000	26 400
1. Oktober 1922	18 400	4 200	3 700	26 400
1. Januar 1923	19 900	4 400	3 900	28 200

wirtschaftlichen, Zündholz- und Werkzeugmaschinen sehr schlecht bestellt. Die Arbeitslöhne lagen Anfang 1923 im allgemeinen mehr als 40 % unter den höchsten Löhnen des Jahres 1920[2]).

Schweden, von Norden nach Süden in vier Teile geteilt, weist folgende Hauptstandorte seiner Industrie auf:

1. Teil: Eisenerze von der Nordgrenze bis zum Polzirkel;
2. Teil: Holz vom Polzirkel bis zum Dal Elf;
3. Teil: Eisen- und Maschinenindustrie vom Dal Elf bis zum mittel-schwedischen Wasserwege, der die großen Seen mit der Ost- und Nordsee verbindet, und schließlich
4. Teil: südlich von dieser Linie: Landwirtschaft.

Im Industriegebiete, speziell in und um Stockholm, befinden sich die schwedischen Fabriken für Spezialprodukte. Dort werden Separatoren, Werkzeugmaschinen, Telephonapparate u. a. hergestellt. Göteborg, Schwedens größte Hafenstadt, ist das Zentrum für die rasch fortschreitende Kugellagerindustrie. In Västerås am Mälarsee sind die elektrischen und Metallindustrien konzentriert. — Alles in allem kann Schwedens Wirtschaftslage als durchaus günstig bezeichnet werden. Der starke Hilfsstoffbedarf der schwedischen Industrie (Kohlen- und Koksmangel) hat die Handelsbilanz nachteilig beeinflußt. In den ersten neun Monaten 1923 stellt sich der Einfuhrüberschuß auf 181,5 Mill. Kr. gegenüber nur 51,5 Mill. Kr. in der gleichen Zeit des Vorjahres[3]). Die Lage in der Maschinenindustrie wird als besonders günstig deshalb bezeichnet, weil der Einfluß der deutschen Konkurrenz, der noch Herbst 1923 schwer auf der schwedischen Industrie lastete, sich mehr und mehr minderte. Der Umstand, daß die deutschen Preise sich den Weltmarktpreisen stark genähert, ja sie hier und da bereits erreicht und teilweise sogar überschritten haben (vgl. II. Buch, Kap. III), hat Deutschland naturgemäß wieder aus dem Markte verdrängt.

Die Wurzeln der Exporterschwerungen für die deutsche Maschineneinfuhr nach Schweden liegen somit in innerdeutschen Wirtschaftsverhältnissen begründet. Diese Tatsache unterscheidet Schweden wesentlich von den anderen bisher behandelten Ländern. Es ist eines

---

[1]) Vgl. schwedisch-wirtschaftl. Rundschau a. a. O.
[2]) Vgl. Spezialuntersuchungen: Kap. III, S. 111.
[3]) Vgl. D. A. Z. vom 8. Dezember 1923.

der wenigen Länder, in denen keine Maßnahmen gegen Länder mit entwerteter Valuta, keine Antidumpinggesetze geschaffen sind, in denen endlich keine von Frankreich redigierte Handelspolitik gegenüber Deutschland getrieben wird.

Der schwedische Zolltarif[1]) ist ein allgemeiner autonomer Tarif. Daneben kann ein Vertragstarif auf Grund von Tarifverträgen mit dem Ausland bestehen, jedoch sind gegenwärtig keine vertragsmäßig gebundenen Zollsätze vorhanden. Das Deutsche Reich hat nach dem am 15. März 1921 erfolgten Außerkrafttreten des Handels- und Schiffahrtsvertrages keinen Anspruch auf Meistbegünstigung mehr.

Die Gründe, die Ende 1923 zu einer Erschwerung des Geschäftes geführt haben, werden im II. Buche eingehend behandelt. Hier sei nur nochmals betont: Schweden steht außerhalb des Ringes, der um Deutschland geschlossen wurde zwecks Durchführung des Wirtschaftskrieges mit allen Mitteln.

B. Norwegen.

Deutsche Maschinenausfuhr nach Norwegen.

Zahl	t
1913	7074
1920	7276
1921	1931
1922	4721,8
1923	4000

Die Maschineneinfuhr Norwegens war beinahe doppelt so groß wie die Schwedens; sie betrug vor dem Kriege 40 Mill. M.[2]). Ein Drittel entfiel auf Deutschland und England, der Rest entfiel zu gleichen Teilen auf Schweden und Dänemark. Die Entwicklung der norwegischen Maschinenindustrie während des Krieges zeigt folgende Daten:

Anzahl der Betriebe und Arbeiter[3]) in der mechanischen Industrie von 1903—1917 und ihr prozentualer Anteil an der gesamten norwegischen Industrie.

	1903	%	1908	%	1913	%	1917	%
Zahl der Betriebe . .	321	9,2	434	10,2	806	11,9	990	14,3
Zahl der Arbeiter . .	17955	22	21651	21	31277	21,3	36288	22,5

Die steigende Tendenz ähnlich wie bei Schweden ist unverkennbar. Auch die deutsch-norwegischen Handelsbeziehungen sind ähnlich den schwedischen, wie ja überhaupt die natürlichen Ausdehnungs- und Austauschmöglichkeiten der drei skandinavischen Reiche in Deutschland und Rußland, ihren zwei größten Nachbarstaaten, liegen. Nach Ausscheiden Rußlands blieb nur noch Deutschland übrig, dessen scharfer Wettbewerb mit der norwegischen Industrie die interessierten Kreise öfters zu lauten Protesten veranlaßten. Immerhin blieben die deutsch-

---

[1]) Größtenteils spez. Zölle (Gewichtszölle je 100 kg neben Maßzöllen und Stückzöllen). Vgl. Industrie- und Handelstag, Abschnitt Schweden.

[2]) Froelich a. a. O., Abschn.: Norwegen, S. 58.

[3]) Zwanglose Mitteil. 1921: Norwegens Lage in der Maschinenindustrie, S. 177.

norwegischen Beziehungen bis lange durchaus erträglich[1]). Deutsche Waren unterliegen bei ihrer Einfuhr nach Norwegen dem allgemeinen Zollsatze[2]) (für Maschinen Wertzoll in der Höhe von durchschnittlich 15 %).

Wenn sich auch bisweilen bei Norwegen eine Neigung zum Beitritt in den französischen Ring zeigte, so überwogen dennoch bislang immer die Vernunftgründe, lieber eine gesunde Handelspolitik mit Deutschland zu treiben.

C. Dänemark.

Deutsche Maschinenausfuhr nach Dänemark.

Unsere Beziehungen zu Dänemark nach dem Kriege konnte man keineswegs ungetrübte nennen. Allein schon die nordschleswigsche Frage schuf scharfe Reibungen und hinterließ bei Deutschland viel Groll gegen den Kriegsgewinnler im Norden. Anderseits liegt es im Interesse beider Länder, zu beide Teile befriedigenden handelspolitischen Verhältnissen zu kommen. — Das Deutsche Reich genießt die Meistbegünstigung auf Grund älterer Verträge[3]) und der deutsch-dänische Handel findet statt auf der Grundlage des freien Wettbewerbs. Die

Jahr	t
1913	10 765
1920	17 199 [4])
1921	7 219
1922	8 120
1923	8 000

dänische Regierung hat keine Antidumpingmaßnahmen getroffen. Sie wendet noch den Zolltarif von 1908 an, der für Maschinen Wertzölle bis 10 % im Durchschnitt vorsieht. Vertragliche Festlegungen von Zollsätzen durch Handels- oder sonstige Verträge bestehen nicht. Seit kurzem liegt ein Zolltarif-Veränderungsgesetz der gesetzgebenden Körperschaft vor.
Es stimmt im allgemeinen mit dem zur Zeit gültigen Zolltarif überein, nur sind einige Zollherabsetzungen auf Rohmaterialien und Halbfabrikate und Zollerhöhungen für Luxusgegenstände vorgesehen. — Um im laufenden Gedankenaustausch über die deutsch-dänischen Wirtschaftsbeziehungen zu bleiben, hatte der dänische Industrierat beim Reichsverbande der deutschen Industrie angeregt, von Zeit zu Zeit in Besprechungen alle Fragen prinzipieller Natur, oder Klagen, die zwischen den einzelnen Terminen liegen, zu erörtern, und so eine

---

[1]) Mit Norwegen besteht noch der alte Handelsvertrag von 1827, den Norwegen mit Hamburg, Lübeck und Bremen schloß und der dann vom Zollverein und später vom Reiche übernommen wurde. Vgl. Horstmann a. a. O., Abschn.: Norwegen, S. 14.

[2]) Minimaltarif, da das Deutsche Reich auf Grund älterer Verträge die Meistbegünstigung genießt. (Gewichtszoll nach dem Reingewicht.) Beim Wertzoll Wertermittlung durch Addieren von Preis, Zoll, Zollspesen, Frachtkosten.

[3]) 1818 Vertrag mit Dänemark und den Hansestädten vom Zollverein und vom Reich übernommen, 1920 gekündigt, 1923 unter Fortfall der tarifarischen Abreden und unter Beibehaltung der Meistbegünstigungsklausel verlängert. Vgl. Horstmann a. a. O., Abschn.: Dänemark, S. 13. Außerdem Handelsarchiv 1923.

[4]) Die hohe Zahl ist auf dieselben Gründe, wie bei den Niederlanden und Schweden, zurückzuführen. Vgl. S. 40/41.

Spannung der Beziehungen zu vermeiden, ein Plan, der verwirklicht wurde und sich bislang bewährt hat.

Dänemarks Industrie hatte sich in den letzten Jahrzehnten vor dem Kriege sehr gut entwickelt. Auch sein Maschinenbedarf, vor allem an landwirtschaftlichen Maschinen aller Art, stieg erheblich. Ein großer Teil dieser Maschinen kam — und kommt heute noch — aus Deutschland. Die fortschreitende Urbarmachung ausgedehnter Moor- und Heidestriche in Jütland sichert wohl noch auf längere Zeit einen Absatz von Maschinen aller Art, die zur Kultivierung nötig sind. Auch Maschinen der Zuckerindustrie, sowie Werkzeugmaschinen waren neben Pumpen, Pressen, Schreibmaschinen, Motoren und anderen in beträchtlicher Stückzahl Gegenstand der Ausfuhr nach Dänemark.

Die dänische Maschinenindustrie scheint, nach den folgenden Statistiken zu urteilen, die wir vor der Zusammenstellung der dänischen Handelsverträge am Schluß des Kapitels bringen, schon vor dem Kriege eine gewisse Entwicklungsstufe erreicht zu haben, die sie während des Krieges einzuhalten bzw. zu steigern suchte.

Entwicklung der dänischen Maschinen- und Eisenindustrie in den Jahren 1913, 1917, 1918[1]).

	1913	1917	1918
Zahl der Betriebe . .	274	181	207
Zahl der Arbeiter . .	11044	9463	9854
Davon weibliche . .		58	101
Lehrlinge u. jugendl. Arbeiter	3028	2996	3268
Gesamtzahl der Arbeiter	14072	12459	13122

Art der Maschinen	1913		1917		1918	
	Stückzahl	Verkaufswert in 1000 Kr.	Stückzahl	Verkaufswert in 1000 Kr.	Stückzahl	Verkaufswert in 1000 Kr.
Dampfmaschinen. . . .	—	1612	56	885	49	666
Elektromotoren	8176	2397	2529	2585	8251	9419
Petrol- u. Benz.-Mot. . .	1781	2943	805	2708	439	2690
Rohölmotore	124	2362	344	2570	213	2984
Windmotoren	1028	1044	401	957	632	2629
Landw. Masch. m. Zub. .	—	4869	—	5060	35048	8004
Arb.- u. Werkzeugmasch.	—	9167	—	10301	6534	13840
Andere Masch. u. Einr. .	—	7036	—	23037	—	28143
Gesamtwert aller Masch.	—	32384	—	50666	—	70356

Dänemark ging Ende 1922 daran, seine sämtlichen Handelsverträge zu revidieren, und hat mit folgenden Staaten Handelsverträge geschlossen (bzw. steht es in Handelsvertragsverhandlungen)[2]):

---

[1]) Vgl. Zwangl. Mitteil. 1920, S. 45.

[2]) Vgl. Industrie- u. Handelsztg. vom 1. September 1923, Nr. 201 und vom 25. Oktober 1923, Nr. 247; außerdem Berliner Börsenztg. vom 14. November 1922, Nr. 536.

Dänisch-Österreichische Handelskonvention vom 14. März 1887; durch
    Notenwechsel vom 27. und 30. Juni 1923 ver-
    längert (Handelsarchiv 1923, S. 879).
Dänemark-Finnland: Handelsvertrag vom 23. Juni 1923 (zollfreie Ein-
    fuhr von Warenproben). (Handelsarchiv 1923,
    S. 879.)
Dänemark-Estland: Übereinkommen betr. schutzgewerblicher Erfin-
    dungen und Muster vom 27. Juli 1923 (Handels-
    archiv 1923, S. 879).
Dänemark-Lettland
Dänemark-Tschechoslowakei } schweben Verhandlungen.
Dänemark-Polen
Dänemark-Frankreich: Altes Abkommen. (Soll nach den neuesten Mel-
    dungen erneuert werden.)
Dänemark-Rußland: Vorläufiges Übereinkommen vom 23. März 1923
    auf dem Grundsatze der Meistbegünstigung (Han-
    delsarchiv 1923, S. 880).
Dänemark-Littauen: Abkommen vom 28. Juli 1923 (Handelsarchiv
    1923, S. 1006). Gegenseitige Meistbegünstigung.
Dänemark-Spanien: Vom 18. und 20. Juni 1921. (Die Verzollung
    dänischer Waren bei ihrer Einfuhr in Spanien ge-
    schieht nach Tarifreihe II; spanische Waren
    werden meistbegünstigt behandelt.) (Handels-
    archiv 1921, S. 407, und 1922, S. 2 und 130.)

Der kurze Abriß möge zur Orientierung über die Wirtschaftslage
der drei nordischen Staaten und ihre Einstellung Deutschland gegenüber genügen.

Das Gesagte zusammenfassend, läßt sich die Haltung Schwedens,
Norwegens und Dänemarks dahin charakterisieren, daß alle drei Länder
darauf bedacht sind, ihre eigenen Industrien — im speziellen die
Maschinenindustrie — und den Handel in geregelten Bahnen laufen zu
lassen, daß sie es vermeiden, zur Bekämpfung handelspolitischer Gegner
und vor allem zur Beseitigung der deutschen Konkurrenz Mittel anzu-
wenden, die bei dem bekämpften Lande den Glauben an die Gleichberechtigung der Völker der Erde (eine These, für die sich ja Frankreich
besonders warm einsetzt) niemals hochkommen lassen wird.

XI. Die Schweiz.

Deutsche Maschinenausfuhr nach der Schweiz.

Die Schweiz besitzt eine alte blühende Maschinenindustrie, die
vor, während und nach dem Kriege in ständigem Wachstum begriffen
war. Deutschland stand vor dem Kriege mit einem
Einfuhrwerte von rd. 35 Mill. M.[1]) in der Schweizer Ma-
schineneinfuhrstatistik an führender Stelle. Die Einfuhr in die Schweiz setzte sich im wesentlichen
zusammen aus Kraftwagen, Fahrrädern, Textilmaschinen, Werkzeugmaschinen, landwirtschaftlichen
Maschinen und Nähmaschinen. In der Ausfuhr

Jahr	t
1913	17 530
1920	30 789
1921	8 192
1922	8 570
1923	7 000

---

[1]) Vgl. Zwanglose Mitteil. 1920, S. 203 und 1921, S. 363; außerdem
Froelich, a. a. O., Abschn.: Schweiz, S. 51. (Die Zahl gilt für 1912.)

48   Wirtschaftspolitischer Überblick.

Schweizer Maschinenerzeugnisse nehmen eine hervorragende Stellung ein: Motore (Firma Escher-Vies), Textilmaschinen, Kraftwagen, Fahrräder, Müllereimaschinen, Dampfmaschinen und Lokomotiven. Zwar konnte die Schweizer Maschinenindustrie vor dem Kriege ihre bedeutende Stellung auf dem Weltmarkte behaupten, aber teilweise nur in heftigem Kampfe mit der deutschen Konkurrenz. Der Krieg rangierte sie zu der Gruppe von Staaten, die die vorübergehende Ausschaltung des starken deutschen Wettbewerbs zur Ausgestaltung ihrer eigenen Betriebe benutzten. Folgende Wertangaben in der Ausfuhr der Jahre 1913—18 zeigen deutlich die gesteigerte Ausfuhr während der Kriegsjahre[1]).

Maschinenausfuhr der Schweiz in 1000 Fr. nach den einzelnen Ländern von 1913—1918.

Jahr	Gesamtausfuhr	Deutschland	Österr.-Ungarn	Frankreich	Italien	Belgien	England
1913	75 212	12 431	3 219	13 582	7 821	2 158	3 217
1914	56 947	8 740	2 361	9 802	7 037	1 229	2 824
1915	70 091	11 621	6 320	17 516	10 370	46	5 451
1916	124 395	12 064	4 993	47 822	24 824	152	4 838
1917	125 041	30 482	4 635	48 815	12 632	109	3 293
1918	116 857	11 409	3 917	45 964	17 339	90	4 288
Zusammen:	493 391	74 316	22 226	169 919	72 202	3 784	20 694

Jahr	Gesamtausfuhr	Deutschland		Österr.-Ungarn		Frankreich		Italien		Belgien		England	
		a[2])	b[3])	a[2])	b[3])	a[2])	b[3])	a[2])	b[3])	a[2])	b[3])	a[2])	b[3])
1913	100	100	17	100	4	100	18	100	10	100	3	100	4
1914	·76	70	15	73	4	72	17	90	12	57	2	88	5
1915	93	93	17	196	9	129	25	133	15	2	0,1	169	8
1916	165	97	10	155	4	352	38	317	20	7	0,1	150	4
1917	166	245	24	144	4	359	39	161	10	5	0,1	102	3
1918	155	92	10	122	3	338	39	222	15	4	0,1	133	4
1919	—	—	7	—	—	—	—	—	—	—	—	—	—
1920	—	—	2	—	—	—	—	—	—	—	—	—	—

In der Nachkriegszeit hatte die Schweiz unter der sofort einsetzenden scharfen deutschen Konkurrenz zu leiden. Auf die Klagen der Schweizer Organisationen, insbesondere des Vereins Schweizerischer Metallindustrieller, erließ die Regierung schon 1920 eine Reihe von Einfuhrverboten für Maschinen und verwandte Erzeugnisse, wie z. B. für Drahtseile, Nieten, Kassaschränke, Schwadenwender und Rechen, nebst Halterpflüge, Wendepflüge, Kartoffelhack- und Häufelpflüge, Futterschneider, Schrotmühlen und Dreschmaschinen, sowie für Holzbearbeitungsmaschinen, Rechenmaschinen und Kraftwagen.

Für die Erteilung von Einfuhrbewilligungen der genannten Maschinen machte man die Sektion für Ein- und Ausfuhr des Schweizerischen Volkswirtschaftsdepartements in Bern zuständig. Sie hat die Höhe des zu bewilligenden Einfuhrkontingentes zu bestimmen. Im

---

[1]) Vgl. Zwanglose Mitteil. 1921, S. 189.
[2]) 1913 = 100 gesetzt.
[3]) Prozentualer Anteil an der Gesamtausfuhr.

allgemeinen wird die Bewilligung von 30 bis 80 % der durchschnittlichen
Einfuhr vom Jahre 1913 gewährt, sehr oft nur unter der Bedingung,
daß der Schweizer Käufer sich verpflichtet, zugleich 10—90 % seines
gleichgerichteten Bedarfs bei einer inländischen Maschinenfabrik zu
decken.

Diese dargelegte Einfuhrsperre bzw. strengste Einfuhrkontrolle
zum Schutze der einheimischen Industrie ist an sich durchaus verständlich und, wenn sie ein Land für alle seine Grenzen anordnet, so
kann gegen derlei Maßnahmen nichts eingewendet werden. Die Schweiz
knebelte aber mit den geschilderten Bestimmungen lediglich Deutschland und Österreich, hingegen sollen Frankreich und Italien solchen unangenehmen Kontrollen keineswegs unterliegen. Es zeigt sich hier deutlich die Botmäßigkeit der Schweiz bezüglich ihrer Zollmaßnahmen unter
französische Regie. Zwar ist der französische Einfluß hier nicht so
stark wie in Polen, aber doch immerhin imstande — etwa wie in dem
mit alliiertem Gelde finanzierten Österreich — einen unnötig hohen
Stacheldraht zwischen zwei Ländern zu ziehen, die wirtschaftlich auf-
einander angewiesen sind. Daß die erwähnte einseitige Einfuhrdrosse-
lung aber auch gegen die Interessen vieler schweizerischer Unternehmungen verstößt, geht aus der Tatsache hervor, daß diese selbst
bei Verhandlungen mit deutschen Interessenten ihre Mißbilligung gegen
die dargelegte Maßnahme ausgesprochen haben, und daß man sich
seitens der Schweiz schließlich generell dazu bereit erklärte, die Einfuhrbewilligung bei gleichzeitigem Auftrage von 25 % des Bedarfs an
Schweizer Firmen zu gewähren. Die gegenwärtige Krisis in der Schweizer
Uhren- und Fremdenindustrie dürfte den Wunsch, mit Deutschland zu
besseren Handelsbeziehungen zu kommen, erheblich verstärken. Das
Bedürfnis, von der deutschen Regierung Einfuhrerleichterungen zu bekommen, setzt notwendigerweise auch auf der Schweizer Seite die
Neigung zur Aufhebung der differenzierten Behandlung deutscher Erzeugnisse gegenüber italienischen voraus. Aufgabe der deutschen Regierung muß es indes sein, der Schweiz klarzumachen, daß die gleiche
Behandlung Deutschlands eine conditio sine qua non für jedwede Verhandlungen — also eine Vorbedingung sei, für die die Schweiz keinerlei Kompensationen zu erwarten habe. — Deutschlands Gleichberechtigung im internationalen Verkehr der Völker darf nicht mehr oder
weniger teuer erkauft werden, da ja dann nur eine nachteilige Behandlung deutscher Waren gegen eine Begünstigung fremder Waren ein-
gehandelt würde — die gleiche Verhandlungsbasis ist damit aber keineswegs erreicht — vgl. S. 19 u. S. 54.

Der gegenwärtige gültige Schweizer Zolltarif[1]) ist seit Juli 1921
in Kraft und seit dieser Zeit nur geringen Änderungen unterworfen
worden. Der Zolltarif trägt als Generaltarif den ausgesprochenen
Charakter eines Kampftarifes, der bei Eintritt eines vertragslosen Zu-
standes in Kraft tritt. In der Praxis wird auf die Waren sämtlicher
Länder der sogenannte Gebrauchstarif angewendet. Der erwähnte Zolltarif

---

[1]) Vgl. Handelsarchiv 1921, S. 393.

gibt der Schweiz das Mittel in die Hand, bei etwaigen Handelsvertragsverhandlungen mit anderen Ländern diesen Zollzugeständnisse für
Schweizer Erzeugnisse abzuringen. Die Schweiz ihrerseits versteht sich
in solchen Fällen gleichfalls zu Zollnachlässen von ihrem Gebrauchstarif. Eine Neigung, die wir bei allen Ländern beobachten können,
besonders scharf ausgeprägt ist sie auch bei Spanien und Italien, worüber
wir im folgenden Kapitel zu berichten haben. Besondere Zollnachlässe
gewährte die Schweiz in Handelsverträgen Spanien und Italien[1]). —
Ein neuer Zolltarif ist in Vorbereitung. Man erwartet eine baldige
Veröffentlichung der Vorschläge, doch wird der Tarif vor 1925 nicht
in Kraft treten.

Auf Grund des oben charakterisierten Zolltarifsystems gelang es
der Schweiz, ihr Handelsvertragssystem über folgende Staaten auszudehnen[2]):

1. Deutschland: Handelsvertrag von 1891 und Zusatzvertrag von
1904. Der Vertrag wurde von der Schweiz auf den 16. März 1920 gekündigt und durch Notenaustausch vom 15. März 1920 verlängert, von
Deutschland auf den 6. Juni 1921 definitiv gekündigt. Gemäß Verständigung sind die Vertragstarife auf den 1. Juli 1921 außer Kraft getreten, während der Vertragstext, der u. a. die Meistbegünstigungsklausel vorsieht, bestehen blieb. Praktisch ist die Klausel infolge der
Handhabung der Einfuhrverbote bedeutungslos.

2. Frankreich: Handelsvertrag vom 20. November 1906, von
Frankreich auf den 10. September 1919 gekündigt, aber mit dreimonatiger Kündigungsfrist verlängert. Der Vertragstext blieb bestehen.

3. Bulgarien: Die durch Notenaustausch vom 12. zum 27. Februar
1906 getroffene Vereinbarung ist als aufgehoben zu betrachten. Zur Zeit
wird auf Waren bulgarischer Herkunft der Gebrauchstarif angewendet.

4. Großbritannien: Vertrag vom 6. September 1855, Zusatzübereinkommen vom 30. März 1914. Durch den Zusatz ist vereinbart, daß
Kanada, der australische Bund, Neuseeland, die südafrikanische Union
uud Neufundland jederzeit nach Kündigung auf ein Jahr von den Meistbegünstigungsartikeln zurücktreten können.

5. Italien: Handelsvertrag vom 27. Januar 1923. Meistbegünstigung
und Vertragstarif. Die Dauer des neuen Vertrags beträgt ein Jahr.
Kündigungsfrist sechs Monate vor Ablauf des Vertrags.

6. Österreich: Handelsvertrag vom 9. März 1906, von der Schweiz
gekündigt auf 6. März 1920. Text ist noch gültig mit dreimonatiger
Kündigung.

7. Polen: Handelsübereinkunft vom 26. Juni 1922, seit den
19. August 1922 in Kraft getreten. Meistbegünstigungsklausel, feste
Dauer ein Jahr.

---

[1]) Vgl. Board of Trade vom 11. Mai 1922 und vom 15. Februar 1923.
[2]) Vgl. Handelsarchiv 1922 und 1923 und die einzelnen Übersichten
in den verschiedenen Kapiteln. Die Übersicht ist aus einem Auszuge des
Jahresberichts des Vereins Schweizerischer Maschinenindustrieller vom
Jahre 1922 entnommen und durch das deutsche Handelsarchiv ergänzt
worden.

8. **Spanien:** Vertrag vom 16. Mai 1922 (Meistbegünstigung und Vertragstarif). Feste Dauer nicht vereinbart, Kündigung jederzeit auf drei Monate zulässig.

9. **Vereinigte Staaten:** 25. November 1850. Die Meistbegünstigungsartikel wurden von den Vereinigten Staaten gekündigt und sind seit dem 24. März 1900 außer Kraft. Beide Staaten behandeln sich autonom auf dem Fuße der meistbegünstigten Nationen.

XII. Spanien.

Deutsche Maschinenausfuhr nach Spanien[1]).

Die spanische Maschineneinfuhr vor dem Kriege von rd. 70 Mill. M.[1]) wurde zu 25 % von Deutschland getragen. Die hauptsächlichsten Maschinen, die eingeführt wurden, waren folgende:

1. Landwirtschaftliche Maschinen . . . . für rd. $8^1/_2$ Mill. M.
    Deutschlands Anteil 20%
2. Lokomotiven . . . . „ „ 6 „ „
    Deutschlands Anteil 75%
3. Nähmaschinen . . . . „ „ $3^1/_2$ „ „
    Deutschlands Anteil unwesentlich
4. Werkzeugmaschinen . . . . „ „ $2^1/_2$ „ „
    Deutschlands Anteil 50%
5. Schreibmaschinen . . . . „ „ 1,1 „ „
    Deutschlands Anteil 15%
6. Sonstige Maschinen . . . . „ „ 13 „ „
    Deutschlands Anteil 50%

Dank seiner geographischen Lage[2]) und der im Weltkrieg bewahrten Neutralität hat Spanien während langer Zeit eine wirtschaftliche und finanzielle Sonderstellung eingenommen. Fast alle neutralen und ein großer Teil der kriegführenden Staaten Europas sahen sich während der Kriegszeit gezwungen — vor allem infolge der Unsicherheit des Überseeverkehrs —, ihren Bedarf mit spanischen Produkten zu decken. Spanien erlebte demzufolge einen wirtschaftlichen Aufschwung von kaum je zuvor erreichter Höhe und emanzipierte sich mehr und mehr

Jahr	t
1913	20700
1920	10066
1921	11409
1922	16491
1923	9000

von dem Auslande. Es hatte diese neue Blüte im wesentlichen seiner Landwirtschaft zu verdanken, aber auch Industrie und Bergbau nahmen während des Krieges ihren Aufschwung. Im wesentlichen handelte es sich jedoch um die Montanindustrie, hingegen die Maschinenindustrie im Gegensatz zur Schweiz und Italien sowie den nordischen Ländern keinen nennenswerten Aufschwung nahm. Zwar wurden verschiedene neue Betriebe wie Lokomotivfabriken und Fabriken zur Herstellung landwirtschaftlicher Maschinen gegründet, die aber auf die Dauer fremdem Wettbewerb nicht standhalten können.

Der wirtschaftliche Aufstieg des Landes zeigte sich an der steigenden Ausfuhr, die sich in den Jahren 1914—1918 um 20—30 % gegenüber

---

[1]) Vgl. Froelich, a. a. O., Abschn.: Spanien, S. 56.
[2]) Vgl. Deutsche Exportindustrie vom 24. August 1923, Nr. 34.

dem Vorkriegswert erhöhte, hingegen die Einfuhr zeitweise bis auf 50 % gegenüber 1913 sank. Die dargelegte günstige Handelsbilanz hielt sich mit der steigenden Konjunktur bis 1919. Aus der bedeutenden Mehrausfuhr von Rohmetallen, insbesondere von Kupfer, aus den Frachterlösen der Handelsflotte, ergaben sich für Spanien wachsende Forderungen an seine Abnehmer. Da man um diese Zeit Kredite selten gewährte, hingegen stets Gold in Zahlung genommen wurde, häufte sich an der Bank von Spanien das Gold an, ihre Metallreserven wuchsen vom Jahre 1912—1921[1]) von 1378,0 auf 3179,6 Mill. Peseten. Die Notenzirkulation stieg gleichzeitig von 1862,8 auf 4244,1 Mill. Peseten.

Die spanische Volkswirtschaft entging den Nachkriegswirkungen nicht. Die Krisis traf sie besonders hart in valutarischer Beziehung, da sie sich mit großen Markbeständen eingedeckt hatte. Über die allgemein einsetzende Absatzstockung konnte Spanien auf Grund seiner gut entwickelten Landwirtschaft, die ihm eine Selbstversorgung gestattete, und durch die angehäuften Konjunkturgewinne, die keinerlei Steuern unterlagen, verhältnismäßig leicht hinwegkommen. Der langsame Rückgang des spanischen Peseten bis zur Mittelvaluta ist somit in dem wachsenden Defizit des Staatshaushaltes und in den Devisenverlusten und Exportrückgängen zu suchen.

Der Maschinenbedarf Spaniens hatte in den letzten Vorkriegsjahren eine wachsende Steigerung erfahren. Der Bedarf an landwirtschaftlichen Maschinen beispielsweise verdreifachte sich in den Jahren 1905—1914. An der Einfuhr besagter Maschinengruppe waren 1914 beteiligt: 1. Amerika mit 2596 t; 2. Deutschland mit 1411 t; 3. England mit 952 t; 4. Frankreich mit 810 t; 5. Belgien mit 648 t; 6. Italien mit 238 t[2]). Trotz der gänzlichen Abschnürung Deutschlands vom spanischen Markte gelang es den anderen an der Einfuhr beteiligten Ländern nicht, den spanischen Markt an sich zu reißen. Nach uns zugänglichen Geschäftsberichten[3]) ist Belgien nach dem Kriege gänzlich vom Markte verschwunden, und Frankreich sowie England hatten 1920 noch nicht die Hälfte des Vorkriegsstandes erreicht. Lediglich Amerika war es gelungen, in Spanien größere Absatzgebiete an sich zu reißen. Deutschland konnte auch während des Krieges auf Grund seiner gefüllten Lagerhäuser längere Zeit den spanischen Maschinenbedarf befriedigen. Die günstige Aufnahme deutscher Maschinen nach dem Kriege liefert zweifelsohne einen Beweis für die Qualität des deutschen Erzeugnisses, und die Erhaltung der spanischen Kunden widerlegt die Behauptung der „unfairen" Geschäftsgebaren der deutschen Konkurrenz.

Um so bedauerlicher ist es, bei dem Verfolge der deutsch-spanischen Handelsbeziehungen eine wesentliche Verschlechterung feststellen zu

---

[1]) Anuario Estadistico de España. Año VIII, 1921—1922, S. 164 und 167.

[2]) Vgl. Zwanglose Mitteil. 1920, S. 211.

[3]) Nach den mir zugänglichen Konsulatsberichten und Berichten deutscher Kaufleute.

müssen. Die Ursachen sind neben später aufzudeckenden Gründen[1]) sicherlich auf einen gewissen Druck von Paris aus zurückzuführen, das das um seine Valuta bangende Madrid mit Erfolg zu beeinflussen suchte. Die Vermutung scheint uns mit Rücksicht auf den ungleich günstigeren Handelsvertrag, den Frankreich mit Spanien abgeschlossen hat, berechtigt[2]). Die deutsch-spanischen Wirtschaftsbeziehungen basierten auf dem Handelsvertrage vom Jahre 1899, der 1907 verlängert wurde, und in dem sich beide Staaten die Meistbegünstigung zugestanden. Dezember 1921 kündigte nun Spanien den Vertrag, der laut Vereinbarung ein Jahr nach erfolgter Kündigung außer Kraft treten sollte.

Nun erließ Spanien am 21. Mai 1921 einen vorläufigen Zolltarif und erhob mit diesem zugleich auf Waren, die aus Ländern mit entwerteter Valuta kamen, einen Valutaentwertungszuschlag auf die Zölle, der sich für Maschinen auf rd. 70 % belief, der jedoch mit dem Inkrafttreten des endgültigen Zolltarifs am 16. Februar 1922 wieder beseitigt wurde. Am 1. Juni 1922 trat er aber erneut in Kraft in Höhe von rd. 80 % auf Waren, die aus Ländern kamen, deren Valuta an Peseten gemessen, um mindestens 70 % entwertet waren. Der erläuterte Zuschlag traf Deutschland empfindlich, zumal es auf Grund eines am 14. Januar 1923 abgeschlossenen modus vivendi-Abkommens[3]) lediglich die Sätze der Tarifreihe 2 (Minimaltarif) des neuen Zolltarifs genoß. Der Zollbelastung für Maschinen deutscher Herkunft nach Tarifreihe 2 plus Valutaentwertungszuschlag steht die Zollbelastung der Produkte französischer, englischer, schweizerischer, italienischer, norwegischer und anderer Länder gegenüber, die alle einen Vertragstarif mit wesentlich niedrigeren Sätzen als die des Minimaltarifs mit Spanien geschlossen haben, oder die die Meistbegünstigung genießen und somit Deutschland gegenüber bei der Einfuhr in Spanien bedeutend im Vorteil sind. Die Auswirkungen dieses Systems behandeln wir eingehend im II. Teile (Spezialuntersuchungen Kap. II, S. 79 ff.), hier sei nur nochmals die Tatsache festgestellt, daß ein Schutz der heimischen Maschinenindustrie Spanien zu dieser nachteiligen Behandlung Deutschlands schlechterdings nicht veranlassen konnte. Somit könnte für ein Gesetz gegen Valutadumping sowohl wie für die Ablehnung eines Vertragstarifs und für den Ausschluß von der Meistbegünstigung nur finanzielle und politische — vielleicht auch einige handelspolitische — Gründe maßgebend sein. Die beiden letzgenannten liegen direkt oder indirekt in der französischen Politik begründet. Die Tatsache, daß Spanien neuerdings eine Verordnung erlassen hat, wonach neuen, sowie ausdehnungsfähigen und Exportindustrien die freie Einfuhr gewisser Maschinen gestattet ist, ändert nichts an der geschilderten krassen Benachteiligung Deutschlands. Die freie Einfuhr ist nur gestattet, wenn die Leitung und Verwaltung lediglich von Spaniern getätigt wird, die Beschäftigten müssen Spanier

---

[1]) Vgl. Kap. XV des I. Buches: Die Möglichkeiten des Maschinenexportes vom Standpunkt des Gebens und Nehmens.

[2]) Vgl. II. Buch, Kap. II, S. 82 ff.

[3]) Vgl. Handelsarchiv. 1923, S. 65, 352, 473, 674, 1000. 1924, S. 879.

sein und mindestens 75 % [1]) des Kapitals müssen sich in spanischen Händen befinden. Nun liegt aber in den meisten Agrarländern gegenwärtig — und Spanien bildet darin keine Ausnahme — die industrielle Initiative in den Händen von Angehörigen eines Industriestaates. Leiter und Kapital haben in Spanien also nicht „carácter nacional", wie es gefordert wird. Weiter erinnern wir an die geschilderten Valutanöte, die eine spanische Majorität von 75 % schon an sich in den meisten Fällen unmöglich machen. Die Erlaubnis, Maschinen unter diesen Bedingungen zollfrei einzuführen, ist zur Zeit nichts weiter als eine Beruhigungspille für die Spanier, die sich durch die gegenwärtig gehandhabte Zollpolitik benachteiligt fühlen, sowie gegen das Ausland, das immer wieder auf Zollermäßigungen dringt. Die Maßnahme zeigt aber — zumal sie immerhin auch Deutschland zugute kommt — daß man in Madrid auch den Gegnern der gegenwärtigen Zollpolitik Zugeständnisse machen muß und die Erfüllung der Forderung Deutschlands auf Gleichberechtigung rückt — berücksichtigen wir die voraussichtliche Aufhebung der einseitigen Meistbegünstigungsklausel aus dem Vers.-Vertrag (vgl. S. 69) — in den Kreis der erreichbaren Ziele unserer Handelspolitik mit Spanien. Die entwickelte Perspektive hat allerdings zur Voraussetzung, daß die deutschen Handelspolitiker ihre Kompensationsobjekte nicht vorzeitig und um bloßer Versprechungen willen in die Wagschale werfen. Die Hoffnung, durch Entgegenkommen von den Spaniern die geforderte Gleichberechtigung zu erlangen, hat sich nach den letzten Verhandlungen als trügerisch erwiesen, und die zollfreie Einfuhr von Bananen sowie das Einfuhrkontingent von 100000 hl Wein neben sonstigen Erleichterungen, die wir gewährten, zeitigten auch nicht den geringsten Erfolg in der Haltung der spanischen Regierung. Ob aber zur Erreichung des gegenwärtigen Standes des deutsch-spanischen modus vivendi-Abkommens ein derartig hohes Weinkontingent neben Zollermäßigungen nötig gewesen wäre, wagen wir zu bezweifeln. Jedenfalls scheint uns die Werteinbuße, die wir durch die entgangenen oder niedrigen Zollsätze auf Südfrüchte erleiden, beträchtlicher zu sein als der Vorteil, daß unsere Waren nach der zweiten, statt nach der ersten Tarifreihe des Zolltarifs verzollt werden, ganz abgesehen von der Tatsache, daß wir zur Zeit die Verpflichtung im Interesse unserer Selbsterhaltung haben, die Einfuhr zu drosseln und die Ausfuhr zu fördern; oder: wir können nur für eine erhöhte Einfuhr stimmen, wenn durch eine Gegenleistung unsere Ausfuhr gefördert wird und die Mehrausfuhr die Mehreinfuhr um ein bedeutendes überragt. Unsere Zollschranken — wenn auch nur für ein paar Waren vollständig fallen zu lassen, um dafür lediglich die Aufhebung einer Schranke (Maximaltarif) zu erlangen, während die zwei Haupthindernisse (Ausschluß von der Meistbegünstigung und 80 % Valutazuschlag) immer noch den Warenstrom abstauen — das scheint uns eine „Einigung" zu sein, bei der Deutschland erheblich ins Hintertreffen geraten ist. Darum ist die langsame Besserung der handelspolitischen Stellung

---

[1]) Vgl. El Eco de las Aduanas, Nr. 2604 vom 14. Mai 1924, S. 257.

Deutschlands nach Möglichkeit auszunutzen. (Vgl.: Kap. XI, Die Schweiz, S. 6, und Kap. XV.)

An Handelsverträgen, die Spanien mit anderen Ländern geschlossen hat, sind in der Hauptsache folgende zu nennen:

1. Vertrag mit der Schweiz vom 15. Mai 1922,
2. „ „ Frankreich „ 8. Juli 1922,
3. „ „ Norwegen „ 7. Oktober 1922,
4. „ „ England „ 31. Oktober 1922,
5. „ „ Italien „ 15. November 1923.

Allen diesen Ländern wurde die Meistbegünstigung und ein Vertragstarif zugestanden, so daß z. B. Italien in Spanien empfindlich gegen Deutschland konkurrieren kann. Kurzfristige Verlängerungen bestehender Verträge, bzw. neue kurzfristige Handelsverträge bestehen mit den Vereinigten Staaten, Bulgarien, Griechenland, Dänemark, Island, Irland, der Tschechoslowakei. Die Verzollung findet statt nach den Sätzen des Minimaltarifs (bei der Tschechoslowakei zuzüglich eines Valutaentwertungszuschlags). An kurzfristigen modus vivende-Verträgen sind folgende zu nennen: Deutschland, Belgien, Schweden, Rumänien, Niederlande. Die Verzollung geschieht nach den Sätzen des Minimaltarifs (bei Deutschland zuzüglich eines Valutaentwertungszuschlags)[1]. Keinen Handelsvertrag mit Spanien haben Deutsch-Österreich, Ungarn, Polen, Rußland und alle Staaten, die das ehemalige russische Reich bildeten.

XIII. Italien.

Deutsche Maschinenausfuhr nach Italien.

Italien gehört in erster Linie zu den Ländern, denen es während der Kriegsdauer gelang, sich eine Maschinenindustrie hochzuzüchten, die nach dem Kriege nur mit Hilfe hoher Zollmauern am Leben erhalten werden konnte. Schon im Jahre 1909 setzte — um einen Rückblick zu geben — ein unverkennbarer Aufschwung in der italienischen Eisenindustrie ein. Die Folge war schon vor dem Kriege eine erhöhte Nachfrage in den benötigten Hilfs- und Werkzeugmaschinen. Außerdem fand nach Italien eine rege Einfuhr von Textilmaschinen, landwirtschaftlichen Maschinen, Lokomotiven, Kraftwagen, Fahrrädern u. a. statt,

Jahr	t
1913	31 074
1920	27 034
1921	15 455
1922	24 781
1923	19 000

im ganzen im Werte von rd. 140 Mill. M., wovon auf Deutschland rd. 57 Mill. M. entfielen[2]. Italiens Ausfuhr betrug rd. 80 Mill. M. Deutschland war an dieser Summe mit nicht ganz 1 Mill. beteiligt. Für die italienische Ausfuhr kamen vor allem in Frage Kraftwagen, Fahrräder, Dampfmaschinen und Motoren (nach Argentinien und Ägypten) und landwirtschaftliche Maschinen. Während des Krieges entstanden in Italien viele „Montagefabriken", die allmählich zur Selbstfabrikation übergingen und sich dabei deutsche Modelle zum Vorbild nahmen.

---

[1] Vgl. Spezialuntersuchungen, S. 81.
[2] Vgl. Froelich a. a. O., Abschn.: Italien, S. 54.

Wieweit der Versuch einer Industrialisierung dem Lande zu Nutzen kommen wird, läßt sich zur Zeit noch nicht feststellen. Da es aber Italien an zwei grundsätzlichen Voraussetzungen mangelt, ohne die eine wirklich lebens- und entwicklungsfähige Industrie nicht denkbar ist — es fehlt ihm sowohl die Kohle wie die Erzbasis —, so muß der Versuch, mit aller Gewalt eine Maschinenindustrie aufzubauen, sehr skeptisch betrachtet werden. Mehr Erfolg würde unserer Ansicht nach der Ausbau einer Textilindustrie (Seidenindustrie) versprechen.

Um auf den eben dargelegten Gedankengang der Abhängigkeit Italiens vom Auslande nur mit einigen Ziffern einzugehen, bringen wir folgende Belege: Der jährliche Vorkriegsverbrauch von Gußeisen betrug rd. 150000 t. Zu seiner Herstellung verwandte man erhebliche, größtenteils im Lande gesammelte Mengen von Eisenschrott (rd. 200000 t). Die Vergrößerung der Maschinenindustrie macht eine Einfuhr von etwa 200000—300000 t Gußeisen notwendig. Als Lieferer kamen vor dem Kriege vorzugsweise Großbritannien und Deutschland mit folgenden Mengen in Betracht [1]:

	England t	Deutschland t	Amerika t
1911	143566	21700	—
1912	145829	75136	—
1913	112555	71377	—
1914	95023	62207	14547
1915	112032	27777	65072
1916	147173	—	148655
1917	83485	—	228915
1918	35923	—	78412

Da das aus Deutschland kommende Gußeisen tatsächlich aus Elsaß-Lothringen und Luxemburg stammte und der hohe Preis des englischen Eisens, sowie die Schwierigkeiten der Seebeförderung einer Einfuhr von Eisen aus England hinderlich sind, wird die italienische Maschinenindustrie wieder vorzugsweise zu der Versorgung aus Elsaß-Lothringen zurückkehren müssen.

Eine Tabelle der Aktiengesellschaften gibt uns Aufschluß über den Stand und die Anzahl verschiedener Industrien in Italien. Nach ihr gab es in Italien am 31. Dezember 1918 451 Aktiengesellschaften mit einem Gesamtkapital von 11,782 Milliarden Lire [2]. (Es sind nur vier Hauptzweige der italienischen Industrie berücksichtigt.) Sie verteilen sich auf folgende Industriezweige:

Industriezweig	Zahl der Gesellschaften	Gesellschaftskapital in Lire
Eisenindustrie	104	1509826829
Metallindustrie	239	745400000
Werften und Schiffsindustrie .	35	141550000
Kraftwagen und Flugzeuge . .	72	334878000

[1] Zwanglose Mitteil. 1920, S. 110.
[2] Vgl. Corriere Economico vom 9. November 1919.

Der Zusammenschluß in Industrieverbände zwecks Interessenvertretung der einzelnen Industriezweige bei der Regierung hatte von 1914 bis Mitte 1919[1] folgenden Verlauf:

Jahr	Zahl der in Verbänden zusammengeschlossenen Werke	Zahl der Arbeiter	Vertretenes Kapital in Millionen Lire
Dez. 1914	97	34604	100
„ 1915	116	59047	180
„ 1916	176	78916	240
„ 1917	347	131802	550
„ 1918	549	272000	900
Juli 1919	735	180000	1550

Die Zusammenarbeit der Verbände wird ständig vertieft, indem Vorschläge eingefordert, Kommissionsmitglieder einberufen werden und Teilnahme an den Arbeiten gewährleistet wird. Es hat sich im Laufe der Jahre eine Art „beratender Ausschuß" herausgebildet; das letzte Ziel der Verbände jedoch — die unmittelbare Mitwirkung bei der Gesetzgebung und deren Ausübung — ist unseres Wissens noch nicht erreicht. Ein weiteres Streben der Verbände war und ist noch heute die Hebung des Außenhandels, zu welchem Zwecke sie eigene Vertreter im Auslande unterhalten und ihre Ausfuhrfirmen zu Ausfuhrgruppen zwecks gesteigerter und verbilligter Werbetätigkeit zusammenschließen. Des weiteren versuchte man eine Hebung des Außenhandels herbeizuführen durch Veröffentlichungen der Konsularberichte, Gründungen von Handelskammern im Ausland[2], Abhaltung von Messen und Ausstellungen[3]. In einem periodisch zusammentretenden Außenhandelskongreß werden alle Fragen, die die Hebung des Exports betreffen, erörtert[4].

Die während des Krieges entstandenen Neugründungen — meist waren es Schuhmaschinen- und Druckereimaschinenfabriken u. a. — kamen mit einfacheren, leicht gangbaren Typen auf den Markt. Es war der einheimischen Industrie, die sich durch hohe Zölle schützen ließ und keine nennenswerten Frachtspesen hatte, möglich, sich auch nach dem Kriege noch auf dem Markte zu halten. Ihre verhältnismäßige Bedeutungslosigkeit gegenüber dem italienischen Bedarf rechtfertigt jedoch keineswegs die im folgenden dargelegte italienische Zoll- und Handelspolitik mit ihrer Spitze gegen Deutschland.

Italien befolgt die Taktik, die wir schon bei der Schweiz, Spanien und der Tschechoslowakei feststellen konnten, nach-Herausgabe eines möglichst hohen Zolltarifs die Staaten, die von ihm Ermäßigung zu erhalten wünschen, zu möglichst hohen Kompensationen zu zwingen.

---

[1] Die Zahlen geben, wenngleich sie veraltet sind, dennoch ein gutes Entwicklungsbild. Darum scheint uns eine Wiedergabe der Tabellen durchaus gerechtfertigt.

[2] Jüngste Gründung: Italienische Handelskammer in Moskau auf Grund des italienisch-russischen Handelsvertrags vom Februar 1924.

[3] 1920: Messe in Triest, Ausstellung für Motorantrieb; internationale Messe Mailand, Padua; nationale Messe Neapel. Vgl. Zwangl. Mitteil. 1922, S. 861.   [4] Erste Tagung vom 15.—18. Januar 1922.

Die Benachteiligung Deutschlands aus dieser Taktik ist im II. Buche dargelegt. (Es ist klar, daß Deutschland, das sich des Rechtes der Meistbegünstigung begeben hat und mit leeren Händen an den Verhandlungstisch kommt, a priori bei einer derartig aufgezogenen Verhandlung benachteiligt ist.) Der zur Zeit gültige italienische Zolltarif von 9. Juni 1921 weist nur eine Tarifreihe auf, die im allgemeinen für Einfuhren aus allen Ländern nach Italien gilt[1]). Daneben besteht nach französischem Muster ein System variabler Vervielfältigungskoeffizienten, durch welche die einzelnen Zollsätze erhöht werden. Die Höhe dieser Vervielfältigungskoeffizienten ist verschieden und bedingt durch die Innigkeit und Ausgestaltung der handelspolitischen Beziehungen des betreffenden Landes zu Italien. Die Errechnung des in Goldlire zur Erhebung kommenden Einfuhrzolls erfolgt nach der Formel: Zollsatz $+$ Zollsatz $\times$ Koeffizient. Bei einem Zollsatze von beispielsweise 30 Goldlire und einem Koeffizienten von 0,4 beträgt der zu entrichtende Zoll $30 + 30 \times 0,4 = 42$ Goldlire. Wieviel an Papierlire für jede Goldlire zu entrichten sind, bestimmt die italienische Finanzverwaltung wöchentlich.

Auf Grund der oben gekennzeichneten Zolltarifpolitik schloß Italien mit Frankreich, der Schweiz, Deutsch-Österreich und Spanien Verträge, denen zufolge die genannten Länder ganz bedeutende Zollvergünstigungen für Erzeugnisse des Maschinenbaues bei ihrer Einfuhr nach Italien genießen[2]). Da Italien zudem noch mit den meisten Wettbewerbsländern Meistbegünstigungsverträge abgeschlossen hat, z. B. mit England, den Vereinigten Staaten, Schweden, Holland, der Tschechoslowakei u. a., und alle die genannten Länder daher automatisch in den Genuß der Frankreich und den anderen Staaten eingeräumten Vergünstigungen treten, ist die krasse Zollbenachteiligung Deutschlands, das mit Italien in keinem Meistbegünstigungsverhältnis steht, deutlich wahrnehmbar. Ein deutsch-italienisches modus vivendi-Abkommen, das seit dem 1. März 1923 bis jetzt immer wieder kurzfristig verlängert wurde, ist lediglich allgemeinen Inhalts. Der Kampf der deutschen Industrie gegen die geschilderte ungerechtfertigte unterschiedliche Behandlung war bislang — wie in allen Ländern — ergebnislos[3]).

Kurze Zusammenstellung der wichtigsten Handelsverträge Italiens.

Im folgenden geben wir noch eine kurze Übersicht über die von Italien geschlossenen Handelsverträge, die wir nach dem Boletino di Legislazione e Statistica doganale e commerciale Januar 1922 aufgestellt und mit Hilfe des deutschen Handelsarchiv ergänzt haben[4]).

---

[1]) Vgl. Denkschrift des V. d. M. A. über die italienischen Einfuhrzölle für Maschinen. September 1923.

[2]) Vgl. II. Buch, Kap. II: Zollmehrbelastungen.

[3]) Siehe II. Buch, Kap. V: Postulate zur Erhebung der deutschen Maschinenausfuhr.

[4]) Vgl. Handelsarchiv 1923 zu 1 (siehe S. 59) S. 301 und 1924, S. 488, zu 3 1923, S. 792 und 1924, S. 419, zu 6 1923, S. 384, zu 10 1923, S. 8, zu 12 1924 S. 419, zu 14 1924 S. 301.

1. **Schweiz:** Handelsvertrag vom 27. Januar 1923, in Kraft seit 16. Dezember 1923 (Meistbegünstigung und Sondertarif).

2. **Tschechoslowakei:** In Kraft seit 15. Januar 1922 (Meistbegünstigung).

3. **Österreich:** Handelsvertrag in Kraft seit 28. April 1923 (Meistbegünstigung, Sondertarif).

4. **Belgien:** In Kraft seit 1. Januar 1883[1]) (Meistbegünstigung).

5. **Norwegen:** In Kraft seit 13. September 1862[1]) (Meistbegünstigung).

6. **Polen:** In Kraft seit 1. April 1923 (Meistbegünstigung).

7. **Jugoslawien:** In Kraft seit 20. Januar 1924 (Meistbegünstigung).

8. **Amerika:** In Kraft seit 17. November 1871[1]) (Meistbegünstigung).

9. **Schweden:** In Kraft seit 13. September 1862[1]) (Reziprozitätssystem).

10. **Frankreich:** In Kraft seit 28. November 1922 (Meistbegünstigung und Sondertarif).

11. **England:** In Kraft seit 15. Juni 1883[1]); 1. Juli 1883; 13. Januar 1905; 2. Juli 1905 (Meistbegünstigung).

12. **Kanada:** In Kraft seit 9. Januar 1924 (Meistbegünstigung).

13. **Belgien-Luxemburg:** Vom 1. Mai 1922 (Meistbegünstigung).

14. **Spanien:** Vom 15. November 1923 (Meistbegünstigung und Sondertarif).

15. **Rußland:** Vom Februar 1924 (Meistbegünstigung; vgl. Kap. XIV: Rußland).

XIV. Rußland.

Deutsche Maschinenausfuhr nach Rußland.

Rußlands grundlegende Wirtschaftsumwälzung, sowie die daraus resultierende eigenartige Stellung, die es unter den Ländern Europas einnimmt, rechtfertigen es, ihm am Ende unseres wirtschaftspolitischen Abrisses einen breiteren Raum zu widmen.

Das Rußland vor dem Kriege war einer der besten Kunden Deutschlands. Für rd. 100 Mill. M.[2]) exportierte Deutschland jährlich Maschinen nach Rußland, während der Anteil Großbritanniens lediglich 40 Mill. M., der Amerikas rd. 15 Mill. M.

Jahr	t
1913	117 323
1920	
1921	
1922	[3])
1923	

betrug. Die Einfuhr setzte sich im wesentlichen zusammen aus landwirtschaftlichen Maschinen, Maschinen und Apparaten, Nähmaschinen, Kraftwagen, Werkzeugmaschinen, Textilmaschinen, Dampfmaschinen. Insbesondere war Deutschland führend in der Einfuhr

---

[1]) Bolet. di Legis: 1889 I, S. 63; 1884 II, S. 369; 1887 I, S. 648.
[2]) Siehe Froelich a. a. O., Abschn.: Rußland, S. 48.
[3]) Für die Nachkriegszeit fehlen uns sichere Zahlenunterlagen.

von Lokomobilen, Druckerei- und Papiermaschinen, Müllereimaschinen, Holzbearbeitungsmaschinen u. a. Das Schwergewicht des russischen Maschinenbedarfs lag und liegt immer noch bei den landwirtschaftlichen Maschinen. Die heimische russische Maschinenindustrie verlegte sich daher auf diesen Produktionszweig und zeitigte mit ihren Produkten bereits vor dem Kriege teilweise sehr schöne Erfolge.

Der Zusammenbruch Deutschlands mit der daraus folgenden Abschnürung der deutschen Ausfuhr nach Frankreich und Belgien ließ in den Handels- und Industriekreisen große Hoffnungen auf Rußland und die zukünftigen deutsch-russischen Handelsbeziehungen erstehen. — Die verflossenen Jahre gestatten uns heute, einen Überblick über das deutsch-russische Geschäft und seine Entwicklungsmöglichkeiten zu geben. Es scheint uns wesentlich, von vornherein folgende Neigung festzustellen, die bei allen Handelsgeschäften Rußlands zutage trat: Rußland will in erster Linie durch jedwedes Geschäft Kredit zur Hebung der Exporttätigkeit der eigenen Industrie bekommen. Weiter kann man bei der Beobachtung der russischen Geschäfte — soweit es sich um Maschinengeschäfte handelt — die Tendenz verfolgen, daß gute deutsche Muster, die in Rußland noch nicht hergestellt wurden, sehr gesucht sind, um ihre Fabrikation — wenn irgend möglich — in Rußland selbst zu versuchen. Der Einfuhr von gangbaren Serienmaschinen, wie überhaupt allen Versuchen, auf dem russischen Markt mit einer Maschinengattung durch persönliche Fühlungnahme mit den russischen Interessenten festen Fuß zu fassen, stand die russische Regierung ablehnend gegenüber. — Um jedwede Anbahnung von Handelsbeziehungen im Auge behalten zu können, monopolisierte die russische Regierung den Außenhandel, so daß ausländische Firmen nur durch Vermittlung der jeweiligen Vertretungen des russischen Außenhandelskommissariats der R. S. F. S. R. Beziehungen anknüpfen können. Für Deutschland existieren folgende Vertretungen[1]):

1. Bevollmächtigte Vertretung der R. S. F. S. R. (Botschaft Berlin).
2. Handelsvertretung der R. S. F. S. R. Berlin, Lindenstraße 22—24.

Die Untergliederung der Handelsvertretung charakterisiert trefflich das System der staatlichen Überwachung, und zwar ist sie, wie folgt, unterteilt in:

    a) Zentralverwaltung und Stab des Handelsvertreters (Generalsekretär),
    b) Volkswirtschaftliches Departement, bestehend aus
        1. Konzessionsabteilung,
        2. Informationsabteilung.
    c) Regulierungsdepartement mit
        1. Abteilung für Staats- und Wirtschaftsorgane,
        2. Abteilung für Lizenzen und Visa,
        3. Abteilung für gemischte Gesellschaften,
        4. Bureau für Ausstellungen und Messen.
    d) Handelsdepartement (Export- und Importzentrale), umfaßt neben den Sektionen des Zentralapparates und den Finanz- und Bankabteilungen die operativen Abteilungen:

---

[1]) Vgl. Berliner Börsenztg. vom 13. Januar 1924, Nr. 21.

1. Getreideexport,
2. Exportabteilung (hierzu angegliedert das staatliche Bureau für den Naphthaexport),
3. Landwirtschaftliche Abteilung,
4. Abteilung für allgemeinen Import (wieder mit Spezialsektionen),
5. Abteilung für technischen Import,
6. Buch- und Verlagsabteilung,
7. Kunst- und Kinoabteilung,
e) administrative und Wirtschaftsverwaltung;
f) Zweigstelle der Handelsvertretung in Hamburg.

Der Handelsvertretung sind ferner angegliedert:

a) Die Bevollmächtigten bei der Handelsvertretung der R. S. F. S. R.:
1. des obersten Volkswirtschaftsrates,
2. des Volkskommissariats für Verkehrswesen,
3. des Volkskommissariats für Gesundheitswesen,
4. des Volkskommissariats für Aufklärung,
5. des Außenhandelskommissariats der Ukrainischen sozialistischen Räterepublik (Ukr. Neschgostorg),
6. des Außenhandelskommissariats der transkaukasischen Föderation (Sakgostorg),
7. des Außenhandelskommissariats für Weißrußland und Litauen,
8. des Außenhandelskommissariats zur Vertretung des Südosten der R. S. F. S. R.,
9. des Gostorg zur Vertretung des Südostens der R. S. F. S. R.,
10. der Hauptverwaltung der Kommunalverwaltungen des Außenhandelskommissariats.
b) Vertreter einer Anzahl wirtschaftlicher Verbände, Genossenschaften, staatlicher Trusts und Aktiengesellschaften.

Ferner befinden sich in Berlin:

3. Oberster Volkswirtschaftsrat der R. S. F. S. R. wissenschaftlich technische Abteilung (Bureau für Wissenschaft und Technik im Auslande mit Patentabteilung).
4. Handelskommission des Obersten Volkswirtschaftsrates der bucharischen Volks- und Räterepublik in Deutschland[1]).

Die sehr interessante und starke Untergliederung der russischen Handelsvertretungen spricht für die oben dargelegte Tendenz der russischen Regierung, den Handel durch ein tiefgegliedertes Schema staatlicher Organe zu beherrschen, ein Unterfangen, das ihr restlos gelungen zu sein scheint. Seit November 1923 wurde die Einfuhrkontrolle sogar dahin verschärft, daß den besagten ausländischen Handelsvertretungen die Befugnis zur selbständigen Erteilung von Einfuhrgenehmigungen nach Rußland entzogen wurde mit der Begründung, daß im Interesse einer festen Kontingentierung der eingeführten Erzeugnisse eine einwandfreie Statistik über deren Menge erforderlich sei; dies könne aber nur dann erreicht werden, wenn die Ausgabe von Einfuhrgenehmigungen im Zentralamt und den Provinzialämtern des Außenhandelskommissariats konzentriert werde. Demnach können die ausländischen Vertretungen Rußlands nur Einfuhrlizenzen nach Maßgabe der vom Moskauer Außenhandelskommissariat bewilligten erteilen.

---

[1]) Die Aufstellung wurde ergänzt durch Berichte aus der Ostwirtschaft 1923, und durch Mitteilungen des Bulletin des Außenhandelskommissariats der R. S. F. S. R. 1924.

Die Macht, die durch ein solches Sieb, das alle ausländischen Angebote durchlaufen müssen, ausgeübt wird, ist klar ersichtlich. Eine nach der geschilderten Art aufgezogene Einrichtung gestattet den Russen, die ausländischen Wettbewerber auch gegeneinander auszuspielen. Wenn deutscherseits Bedenken ob der ungleichen Stellung beider Parteien geäußert werden, dann pflegen die Russen auf die verschiedenartige Struktur des Wirtschaftssystems in Deutschland gegenüber demjenigen in Rußland hinzuweisen. Der Hinweis scheint uns jedoch die Tatsache, daß die russischen Organe als alleinige Verkäufer ihre Waren meistbietend an Deutsche verkaufen und — anderseits — als alleinige Einkäufer aus den gegenseitigen Unterbieten deutscher Verkäufer Nutzen ziehen — keineswegs gerechtfertigt[1]).

Der deutsche Handel und Verkehr mit Rußland ist daher deutscherseits fast zur Passivität verurteilt. Geschäfte können nicht auf Grund einer Gleichberechtigung beider Parteien geschlossen werden. Jeder Unternehmer wird im Moment, da er mit den russischen Vertretungen zum Abschluß gekommen ist, zum Objekt in den Plänen der russischen Handelspolitik, und man kann nicht immer sagen, daß der vielleicht augenblickliche pekuniäre Erfolg den Schaden überwiegt, den man sich durch die Begebung der Freiheit und Selbstbestimmung zugefügt hat.

Der Übergang zur Privatwirtschaft unter staatlicher Beteiligung und Kontrolle darf in Rußland als beendet angesehen werden. Es ist das Bestreben der russischen Regierung, Interessenten für diesen oder jenen Geschäftszweig Monopole einzuräumen — Konzessionen, die man sich allerdings teuer erkaufen muß. Wir erwähnen bei dieser Gelegenheit nur von den großen deutschen industriellen Unternehmungen den Krupp- und den Otto-Wolff-Konzern und die Junckerwerke[2]). — Aus dem Bericht, den das Ende 1921 errichtete Hauptkonzessionskomitee über seine zweijährige Arbeit veröffentlichte[3]), geht hervor, daß im Jahre 1921 5, im Jahre 1922 10, in der ersten Hälfte 1923 21 und in der zweiten Hälfte 1923 23 Konzessionsverträge abgeschlossen worden sind; darunter 9 Verträge mit den ehemaligen Eigentümern der betr. Unternehmungen. Insgesamt wurden somit bisher 59 Konzessionsverträge abgeschlossen. Sie verteilen sich wie folgt:

1. Bergbau und Verarbeitung der Industrie 12
2. Handelskonzessionen 14
3. Transportwesen 10
4. Waldkonzessionen. 5
5. Landwirtschaftliche Konzessionen 7
6. Konzessionen auf Seetierfang 3
7. Verträge auf Zulassung ausländischer Firmen zur Handelstätigkeit
   in der R. S. F. S. R. 8

Die relativ geringe Zahl der bestätigten Konzessionen gibt kein genaues Bild über das Interesse des Auslandskapitals. Besser infor-

---

[1]) V. d. M. A., Blatt September 1923.
[2]) Vgl. Industrie- u. Handelsztg. vom 12. Dezember 1922, Nr. 273.
[3]) Vgl. Die Ostwirtschaft vom 2. Januar 1924, Nr. 3/4.

mieren uns darüber die Konzessionsanträge. Nach dem zitierten Berichte (siehe S. 62 Bericht des Hauptkonzessionskomitees) sind bis zum 1. Januar 1924 rd. 1000 Anträge ausländischer Firmen beim Hauptkonzessionskomitee eingegangen. An erster Stelle unter den Bewerbern steht nach wie vor Deutschland, auf das rd. 35 % aller Anträge entfallen, sodann folgen England mit 13 %, Frankreich mit 10 und die Vereinigten Staaten von Nordamerika mit 9 %.

Von besonderem Interesse ist bei dem Versuche, mit Rußland in Geschäftsbeziehungen zu kommen, die Frage, wie das Privateigentum dort geschützt ist. Seit Beginn der neuen Wirtschaftspolitik (Frühjahr 1921), insbesondere seit Herausgabe des neuen bürgerlichen Gesetzbuches genießt das Privateigentum, sofern es sich in gesetzlichen Normen hält, den Schutz der Sowjetregierung[1]). Demnach ist die Ansammlung von Kapitalien wie überhaupt „neuen Eigentums" durchaus möglich. Auch aus einem im Dezember 1923 vom Professor N. S. Timascheff gehaltenen Vortrage über die Wiederherstellung des Privateigentums in Sowjetrußland geht hervor, daß die Rechtsverhältnisse, die diese Fragen umfassen, noch gänzlich im Flusse sind. So legte Professor Timascheff dar, an Hand offizieller sowjetrussischer Quellen, daß in wiederholten, ja sich häufenden Fällen die russischen Behörden die Neigung an den Tag legen, sogar das alte, früher nationalisierte Eigentum den rechtmäßigen Eigentümern zurückzuerstatten. Das Justizkommissariat kämpfe indes gegen diese Bewegung an und stelle die lokalen Behörden, die sich des Verbrechens derartiger Urteilssprüche zugunsten früherer Eigentümer zuschulden kommen lassen, selbst unter die Anklage. Ein klares Bild kann man also über die aufgeworfene sehr wichtige Frage noch nicht gewinnen.

Die scharfe Verfolgung russischer Interessenten, die unter Umgehung der staatlichen Stelle mit ausländischen Firmen in Exportbeziehungen zu treten versuchen, sind hinlänglich bekannt. Des weiteren bestehen noch folgende Maßnahmen gegen die Wareneinfuhr ohne Genehmigung des Außenhandelskommissariats, Maßnahmen, die also den ausländischen Lieferanten betreffen; das Außenhandelskommissariat verordnet[2]):

1. daß einfuhrverbotene Waren binnen Monatsfrist vom Tage der Sistierung an gerechnet durch die zuständigen Zollämter wieder ausgeführt werden müssen, andernfalls sie dem Staate verfallen;

2. daß Waren, deren Einfuhr zwar nicht allgemein verboten ist, die aber ohne Einfuhrgenehmigung eingeführt werden, sofort versteigert werden. Der Erlös abzüglich aller in Frage kommenden Zölle und Gebühren in doppelter Höhe, mindestens aber die Hälfte des Erlöses wird dem Warenbesitzer ausgezahlt.

3. Schmuggelwaren, d. h. solche, die unter Umgehung der Zollkontrolle eingeführt werden, verfallen nach wie vor der Beschlagnahme.

---

[1]) Vgl. Die Ostwirtschaft vom 1. Januar 1924, Nr. 1/2.

[2]) Die Verordnung ist abgedruckt im Zollblatt des V. d. M. A.: Rußland, Nr. 236.

Die wichtigsten industriellen Unternehmungen des Sowjetbundes, die von „allgemeiner bundesstaatlicher Bedeutung" sind, werden dem obersten Volkswirtschaftsrat des Sowjetbundes (der zentralen Industriebehörde) direkt unterstellt im Gegensatz zu den anderen Unternehmungen, die den verschiedenen obersten Volkswirtschaftsräten der einzelnen Bundesrepubliken (den lokalen Industriebehörden) untergeordnet sind[1]). Für die Maschinenindustrie kommen folgende Unternehmungsvereinigungen in Frage:

1. die Vereinigung der staatlichen Maschinenbaufabriken (Gomsa),
2. der Petrograder Maschinenbautrust,
3. die zentrale Vereinigung der Nähmaschinenfabriken,
4. der Süd-Maschinenbautrust.

Diese Trusts haben eine bedeutende Ausdehnung und beherrschen schlechterdings den russischen Maschinenbau. Von dem Petrograder Maschinenbautrust sind uns die Namen von elf großen ihm zugehörigen Firmen bekannt:

1. Krassny Putilowski,
2. Petersburger Metallfabrik für Schwermaschinenbau,
3. Petersburger staatliche Instrumentenfabrik auf den Namen „Engels",
4. Petersburger mechanische Schmirgelfabrik „Llitsch",
5. Petersburger staatliche mechanische Fabrik auf den Namen „Karl Marx",
6. Petersburger Drehbankfabrik auf den Namen „Swerdloff Nr. 444",
7. Petersburger Drehbankfabrik (früher Phönix),
8. Maschinenfabrik International,
9. Mechanische Kesselfabrik auf den Namen „Kamineff",
10. Fabrik für pneumatische Maschinen „Pneumatik",
11. Röhrenwalzwerk Vulkan.

Die Herstellung von Maschinen, Motoren, Dampfkesseln, sowie von sonstigen technischen Ausrüstungsgegenständen ist gegenwärtig fast ausschließlich auf die obengenannten Werke der vier zitierten Trusts konzentriert. — Die Daten über die Produktion der Maschinenbauanstalten sind — wie die ganze russische Statistik — äußerst lückenhaft und unzuverlässig. Sie zeigen aber immerhin, daß im Maschinenbau während der letzten Jahre keine größeren Fortschritte erzielt worden sind. Nach der Statistik wurden in den ersten neun Monaten des Wirtschaftsjahres 1922 hergestellt:

96 Dampfkessel	196 Stck.	Motoren u. Teile davon,
51 Lokomobilen	152 „	Werkzeugmasch. für Metallbearbeitung,
	19 „	sonstige Werkzeugmaschinen.

Die schwache Beschäftigung der russischen Maschinenbauanstalten, über die allgemein geklagt wird, ist damit zu erklären, daß der Haupt-

---

[1]) Vgl. Industrie- u. Handelsztg. vom 12. Dezember 1923, Nr. 282.

abnehmer, die Großindustrie, infolge Kapitalmangels nicht in der Lage ist, zur Neuinvestierung ihrer Fabrikanlagen zu schreiten. Folgende Statistik soll uns Aufschluß geben speziell über den Lokomotiv- und Wagenbau in Rußland während der Jahre 1920 bis Anfang 1923[1]).

Lokomotiv- und Wagenproduktion in den Jahren bzw. Wirtschaftsjahren:

	1920	1920/21	1921/22	1922/23
Radbandagen (in 1000 Pud)	285	238		545
Lokomotiven, neue . . . . (Anzahl)	90	76	115	79
Lokomotiven, Vollreparaturen „	196	139	138	205
Sonst. Lokomotivreparaturen „	2357	2198	2228	
Waggons, neue . . . . . . „	854	948	591	139
Waggonreparaturen . . . . . „	19495	15227	136052	1048
Kesselwagenreparaturen . . . „		239	368	116
Schneepflüge	108	161	131	63

Wie aus der Tabelle ersichtlich ist, kann eine wesentliche Produktionssteigerung nicht festgestellt werden. Etwas bessere Aussichten scheint nach der folgenden Tabelle[2]) der Landmaschinenbau zu besitzen.

Landmaschinenproduktion in Rußland:

Art der Maschinen	Stückzahl			
	1920	1920/21	1921/22	1922/23
Pflüge	88838	107883	116506	14000
Eggen	7336	5022	13907	20000
Erntemaschinen	2319	7455	10266	10000
Pferde- u. Dampfdreschmaschinen	1731	1750	2730	7000
Sensen	972545	862090	1109270	rd. 935000
Sicheln	451271	626121	685991	
Reinigungsmaschinen	3638	2835	2121	5000
Sämaschinen	1068	326	4443	12000

Dem Werte nach erreichte die Produktion der staatlich syndizierten Landmaschinenfabriken im abgelaufenen Wirtschaftsjahre (1922/23) 11 Mill. Vorkriegsrubel gegenüber 5,6 Mill. Vorkriegsrubel im Wirtschaftsjahr 1921/22. Sie hat sich demnach verdoppelt und erreicht gegenwärtig etwa 20 % des Vorkriegsstandes.

Zusammenfassend läßt sich über die Lage in der russischen Maschinenindustrie kurz folgendes sagen: Wie bereits zu Beginn des Kapitels hervorgehoben wurde, leidet die Industrie an erheblichem Geldmangel, der Vorkriegsstand ist bei weitem noch nicht erreicht. Der Maschinenexport nach Rußland ist durch die Kontrolle der Handelsvertretungen starken Hemmungen unterworfen, ein Zusammenarbeiten mit den staatlichen Vertretungen ist als nicht immer erfolgreich anzusprechen, zumal man den von russischer Seite oft gemachten Vorschlag,

---

[1]) Vgl. Die Ostwirtschaft vom 1. Februar 1924, Nr. 3/4.
[2]) Sie zeigt nur die Produktionsergebnisse der im Landmaschinensyndikat vereinigten Maschinenfabriken. Die Gesamtergebnisse dürften sich daher noch höher stellen.

Reuter, Exportmöglichkeiten. 5

Konsignationslager zu errichten, bei der krassen Geld- und Kreditnot der russischen Industrie als vollkommen undiskutabel für den Aufbau der deutsch-russischen Handelsbeziehungen bezeichnen muß. Das Fiasko, das viele deutsche Unternehmer bei der Beschickung der letzten russischen Ausstellung für landwirtschaftliche Maschinen in Moskau erlitten, rechtfertigt die dargelegten Bedenken. Nach den einzelnen Firmenberichten zu schließen, wurde so gut wie gar kein Geschäft gemacht, und die riesigen Bewachungs-, Reinigungs- und sonstigen Gebühren, deren fester Satz vor der Ausstellung nicht bekannt war, erforderten eine große Summe Geldes, deren Verwendung vielleicht an anderer Stelle erfolgreicher gewesen wäre.

In dem ganzen Geschäftsgebahren der Russen zeigt sich die Neigung, mit einer gewissen Brutalität lediglich ihre fest umrissenen Ziele zu verfolgen. Solange sich demnach die Interessen des deutschen Unternehmers mit denen der russischen Regierung decken, z. B. bei den Kruppschen Landkonzessionen, wo durch Krupp 25 000 Desjatinen Land bearbeitet werden sollen, oder bei Aufträgen an deutsche Spezialfabriken, z. B. für Dampfhochdruckleitungen, die in Rußland in der vollendeten Form nicht hergestellt werden können, kann man mit einer befriedigenden Geschäftsabwicklung auf Grund der eingegangenen Vereinbarungen rechnen, im anderen Falle ist das Geschäft immer recht zweifelhaft. Ganz für diese Ansicht scheint uns die Kündigung des fast populär gewordenen Otto-Wolff-Vertrages zu sprechen. Man war gewohnt, gerade dieses Abkommen, das in der gemischten Gesellschaft für den deutsch-russischen Handel eine innige deutsch-russische Interessengemeinschaft anstrebte, als Mustervertrag anzusehen. Die Berliner Leitung des Otto Wolff-Konzerns motiviert die Kündigung in erster Linie mit Differenzen, die sie mit der russischen Regierung bezüglich der Erteilung von Einfuhrlizenzen gehabt habe. Der Konzern habe des öfteren Geschäfte vorbereitet, die dann an eine russische Firma vergeben worden seien. Ein weiterer Grund für die Kündigung lag in der Verlängerung der im Vertrage vorgesehenen Kredite an die Sowjetregierung.

Die Aussichten, in absehbarer Zeit mit einer starken Maschinenausfuhr nach Rußland rechnen zu können, sind also äußerst gering. Trotzdem wird es Aufgabe der deutschen Unternehmer sein, den Faden nicht abreißen zu lassen, um in späteren geregelteren Zeiten Gelegenheit zur Wiederaufnahme des russischen Geschäftes zu haben. In diesem Sinne sind auch der deutsch-russische Verein und der deutsch-osteuropäische Wirtschaftsverband tätig. Die überragende Bedeutung der staatlichen Handelsvertretungen — man kann sie als das letzte Bollwerk des Sowjetgedankens bezeichnen — gestattet es uns, den Zoll- und Handelsvertragsfragen[1]) in unserem Abriß nur geringen Raum einzuräumen.

---

[1]) Näheres siehe Handelsarchiv 1923, S. 535. Einfuhrzolltarif für den europäischen Handel. Der Zolltarif ist in 10 Gruppen gegliedert. — Für Maschinen kommt Gruppe 7 in Frage. Der Zoll wird von 1 Pud Reingewicht erhoben.

Die von der Sowjetregierung abgeschlossenen Abkommen mit Deutschland[1]), Dänemark, Finnland u. a. tragen alle den Passus der Meistbegünstigung. Die geschilderte Einfuhrregelung macht aber jeden Meistbegünstigungsvertrag illusorisch. Nur noch ein Wort über den zu Beginn dieses Jahres abgeschlossenen russisch-italienischen Handesvertrag[2]), der als ein Novum auf dem Gebiete der Handelsverträge anzusprechen ist. Der Vertrag — auf dem Boden gegenseitiger Meistbegünstigung getätigt — ist im wesentlichen als Kontingentvertrag, jedoch ohne Ziffernnennung, geschlossen worden. Eine im Vertrage vorgesehene gemischte russisch-italienische Kommission hat die beiderseitigen Ein- bzw. Ausfuhrkontingente jährlich derart festzusetzen, daß sie im Werte einander entsprechen. Während Italien sich verpflichtet, in Rußland Getreide zu kaufen, verpflichtet sich letzteres, vornehmlich seinen Bedarf an Maschinen in Italien zu decken. Die Finanzierung der beiderseitigen Geschäfte erfolgt durch eine kürzlich in Rom gegründete russisch-italienische Handelsbank. — Der Staat bzw. seine Organe treten also nach dem soeben kurz skizzierten Vertrage zum ersten Male als regulierender Faktor für den Inhalt des gegenseitigen Warenstromes auf.

XV. Zusammenfassung.

Mit der Betrachtung der eigenartigen wirtschaftspolitischen Entwicklung in Rußland haben wir einige der wesentlichsten Wettbewerbs- und Absatzländer des deutschen Maschinenbaues bezüglich ihres Ex- und Imports, ihrer Wirtschaftsentwicklung und ihrer Handels- und Zollpolitik gegenüber Deutschland und den anderen Ländern untersucht. Es war unser Bestreben, durch diesen Abriß, der keineswegs Anspruch auf Vollständigkeit erhebt, eine Skizzierung der Lage für die deutschen Maschinenindustrie zu geben wie sie war, wie sie jetzt ist und welche Entwicklungsmöglichkeiten bestehen. — Eine Gesamtübersicht über die wirtschaftspolitischen Beziehungen Deutschlands zu den wichtigsten Wettbewerbs- und Exportländern des deutschen Maschinenbaues hinsichtlich der Handelsverträge und der aus ihnen resultierenden zolltarifarischen Behandlung deutscher Maschinen zeigt etwa folgende Struktur:

Zwei Gruppen lassen sich unserer Ansicht nach bilden:

1. der französisch orientierte Ring, d. h. die Staaten, die den Gedanken des Handelskriegs, wie er von der französischen Regierung verfolgt wird, in ihren Maßnahmen gegenüber Deutschland zum Leitmotiv machen, oder Staaten, die politische (profranzösische) Ziele

---

[1]) Handelsarchiv 1923, S. 675. Vertrag vom 16. April 1922, abgeschlossen mit der R. S. F. S. R., erweitert am 5. November 1922. Der Vertrag ist weniger durch seine Meistbegünstigungsklausel wichtig, vielmehr durch die Tatsache, daß Rußland in ihm auf seine ihm von den Alliierten reservierten Rechte bezüglich der Wiederherstellung und Wiedergutmachung entsprechend den Grundsätzen des sog. Versailler Vertrags (Art. 116, Abs. 3) verzichtet.

[2]) Dadurch wird das vorläufige russisch-italienische Abkommen vom 26. Dezember 1921 (Handelsarchiv 1922, S. 767) ungültig.

wirtschaftlichen Zielen überordnen und deutsche Erzeugnisse — speziell des Maschinenbaues — in zolltarifarischer Hinsicht ungünstiger behandeln als die gleichartigen Erzeugnisse anderer Herkunft. Zu dieser Gruppe gehören: Frankreich mit seinen sämtlichen Kolonien und Protektoraten, England, Belgien und Luxemburg, Polen, Italien, weiter gehört in gewisser Hinsicht auch Spanien und die Schweiz zu der Gruppierung, die, obwohl sie nicht Ententemitglieder sind, dennoch Deutschland entweder von dem Rechte der meistbegünstigten Nationen ausschließen (Spanien), oder deutsche Waren bei ihrer Einfuhr augenscheinlich differenzierter behandeln als die Waren aus anderen Ländern (Schweiz).

2. Gruppe derjenigen Länder, die in ihren Handelsbeziehungen zu Deutschland wirtschaftliche Ziele solchen politischer Natur voranstellen und deutsche Erzeugnisse — speziell des Maschinenbaues — in zolltarifarischer Hinsicht nicht ungünstiger behandeln als die gleichartigen Erzeugnisse aus anderen Herkunftsländern. Dahin gehören: die Vereinigten Staaten, Mexiko, Argentinien und fast sämtliche Staaten des amerikanischen Kontinents, sämtliche Staaten der R. S. F. S. R., Schweden, Norwegen, Dänemark, Holland, Portugal[1]), die Tschechoslowakei, Deutsch-Österreich, Ungarn, Rumänien, Jugoslawien, die übrigen Balkanländer einschließlich der Türkei und andere. Die Handelsverträge mit den Ländern der zweiten Gruppe sind sämtlich kurzfristiger Natur und bringen daher nicht die Sicherheit in den zwischenstaatlichen Warenverkehr, die man in erster Linie durch Abschluß eines Handelsvertrags zu erreichen bestrebt sein sollte.

Deutschland war gegenüber der sich langsam vollziehenden Gruppierung gänzlich zur Passivität verurteilt. Es konnte nur seine Grenzen schließen und durch Einfuhrkontrollen[2]) und -verbote sich vor einer Überflutung der Erzeugnisse der Länder schützen, dessen Grenzen ihm selbst durch hohe Zollmauern oder andere Maßnahmen (Valutazuschläge) gesperrt blieben. — Freilich förderte eine derartige Sperrung auch die Festigung des Ringes. Das verschlossene Deutschland konnte vom Auslande kein Entgegenkommen erwarten. — Gerade der Standpunkt des Gebens und Nehmens im Handelsverkehr der Völker wurde in den letzten Jahren von den deutschen Wirtschaftspolitikern vielleicht zu wenig beachtet. — Wenn Spanien z. B. England Vorzugszölle auf Maschinen gewährt, so garantiert ihm England dafür eine ungehinderte Einfuhr beliebiger Mengen seiner Südfrüchte, hingegen Deutschland bislang das eine forderte, das andere aber aus Gründen seiner Verarmung und aus politischen Gründen nicht in dem Maße wie England gewähren konnte. Darf man doch nie vergessen: was Deutschland einem Lande bewilligte, das muß es nach dem Versailler Diktate (Art. 264ff.)

---

[1]) Meistbegünstigungsvertrag gültig bis 31. Mai 1924 (verlängert).

[2]) Hier näher auf die deutsche Sperrpolitik einzugehen müssen wir uns versagen; Näheres siehe Grünfeld: Die deutsche Außenhandelskontrolle, die Politik der Sperre und Weißenborn: Ursachen, Aufgaben und Wirkungen der deutschen Außenhandelsüberwachung, mit besonderer Berücksichtigung der Verhältnisse in der Maschinenindustrie (Diss. 1923).

allen Feindbundstaaten gewähren. Von 1919 bis 1923 trieb man daher eine allgemeine Einfuhrverbotpolitik. Erst als am 10. Januar 1924 seitens des Völkerbundes keine Verlängerung der einseitigen Meistbegünstigung erfolgte und man die Stagnation im Handel, die mit der Stabilisierung der Währung seit dem November einsetzte, noch nicht behoben sah, beschleunigte man den schon einige Zeit vorher begonnenen Abbau der Einfuhrverbote, ohne jedoch bislang das gewünschte Ziel — Gleichberechtigung im internationalen Handel — zu erlangen. Nach dem gegenwärtigen Stande der handelspolitischen Lage zu urteilen, kann die Entwicklung der deutschen Handelspolitik Anfang 1925, dem Zeitpunkt, ab welchem Deutschland, von der Fessel der einseitigen Meistbegünstigung befreit, wieder gleichberechtigt an den Verhandlungstisch treten kann, in folgenden Bahnen verlaufen: Deutschland entkleidet sich seines Zollschutzes so weit, wie irgend statthaft, und verlangt dann von den hochschutzzöllnerischen Kontrahenten (Italien, Spanien, Tschechoslowakei, Österreich-Ungarn, Frankreich u. a.) dasselbe, widrigenfalls es ihnen gegenüber auch hohe Zollmauern errichtet. Ob dies System des Anreizes zur Nacheiferung einem zähen Abhandeln von beiderseitigen hohen Zöllen vorzuziehen ist — ein System, das als zweite Möglichkeit in Frage käme — muß die Zukunft erweisen. — Immerhin ergeben sich hinsichtlich der Länder der zweiten Gruppe Möglichkeiten für Deutschland, nach Eintreten stabilerer Währungsverhältnisse auch auf der Gegenseite (soweit Länder mit zerrütteter Währung in Frage kommen) mit diesen Staaten zu endgültigen, langfristigen Handelsverträgen zu kommen, die den ungestörten Ablauf des beiderseitigen Warenstromes gewährleisten. Der langsam sich vollziehende Umschwung in der Schweiz, der Tschechoslowakei, Spanien und Belgien berechtigt zu gewissen Hoffnungen.

Die handelspolitische Lage Deutschlands darf demnach — auch nach dem wahrscheinlichen Fortfalle der einseitigen Meistbegünstigung im Jahre 1925 — als nicht sehr günstig bezeichnet werden, denn der Fortfall eines Paragraphen ändert noch nicht die Einstellung gegen Deutschland, die — wie wir sahen — in vielen Fällen eine keineswegs freundliche genannt werden kann. Frankreich vor allem ist unermüdlich tätig, das Netz, dessen Fäden und Knotenpunkte wir zeigten, rings um Deutschland fester und engmaschiger zu knüpfen, auf daß unsere Bewegungsbasis immer kleiner werde. Erst kürzlich veranlaßte es Syrien[1]), mit dem wir nach dem Kriege in sehr rege Handelsbeziehungen kamen, gelegentlich seiner Zolltariferhöhungen aus fiskalischen Gründen, für Waren aus Ländern, die nicht dem Völkerbunde angehören, einen Zollsatz von 30% vom Werte, für alle übrigen Länder einen Satz von nur durchschnittlich 15% vom Werte einzuführen. Da Amerika, das auch nicht dem Völkerbunde angehört, von dieser Bestimmung ausdrücklich ausgenommen wurde, sieht man klar die Einseitigkeit einer derartigen Maßnahme, die Frankreich, das bekanntlich das

---

[1]) Vgl. Deutsche Bergwerkszeitung vom 25. Mai 1924: Bock, Handelspolitische Feindschaften gegen Deutschland.

Protektorat über Syrien hat, zur Drosselung des deutschen Handels durchzusetzen wußte!

Die Quintessenz des ersten Teils ist somit folgende Feststellung:

Deutschland steht jetzt noch nicht ganz innerhalb der internationalen Wirtschaftsgemeinschaft der Staaten, eine Tatsache, die sich in einer fühlbaren Mehrbelastung der deutschen Industrie — insbesondere der Maschinenindustrie — auswirkt[1]), und wir schließen unsere wirtschaftspolitische Übersicht mit dem Schlußsatze aus einer Rede des Reichswirtschaftsministers Dr. Hamm im Reichsrate vom 14. Februar 1924[2]): „Was wir anstreben müssen, ist die Wiedereinreihung in die internationale Arbeits- und Wirtschaftsgemeinschaft der Völker mit einer dauerhaften, aus den Erzeugnissen der inländischen Arbeit geschöpften aktiven Handelsbilanz als Ausdruck eines erarbeiteten Überschusses der Ausfuhr über die Einfuhr, zur Deckung unserer Einfuhr und unserer sonstigen Auslandverpflichtungen."

Zweiter Teil.

Spezialuntersuchungen.

I. Die Entwicklung des deutschen Maschinenbaues nach dem Kriege bis zur Gegenwart.

Die Entwicklung des deutschen Maschinenbaues spiegelt sich wider in der Höhe seiner Exportziffer, seiner Gesamtauftragsziffer und seiner Gesamtversandziffer. — Die Tendenz der Entwicklung zeigt sich in dem prozentualen Verhältnis zwischen Inlands- und Auslandsauftrag, setzt man den Gesamtauftrag $= 100$[3]), weiter gibt die Verteilung des Auftragseinganges sowie des Versandes in Tonnen auf den Kopf der Beschäftigten Aufschluß über den Grad der Produktionsintensität in der Maschinenindustrie (nicht der Arbeitsintensität, von der einiges im III. Kapitel zu sagen ist). Die folgenden Kurven und Tabellen enthalten die nötigen Daten zur Durchführung einer derartigen Untersuchung.

Bevor wir sie beginnen, schalten wir hier eine kritische Stellungnahme zur verwendeten Statistik ein. Das Zahlenmaterial, mit dem wir in diesem Kapitel arbeiten, rekrutiert sich aus zwei von verschiedenen Stellen bearbeiteten Statistiken: 1. der Maschinenstatistik des statistischen Reichsamtes (monatliche Nachweise); 2. der privaten Maschinenstatistik des Vereins deutscher Maschinenbauanstalten. Die

---

[1]) Die speziellen Auswirkungen, deren Vorhandensein wir im ersten Teil feststellen wollten, sind Gegenstand der Spezialuntersuchungen im zweiten Teil.

[2]) Wiedergegeben in der Voss. Ztg. vom 15. Februar 1924.

[3]) Die absoluten Zahlen können wir aus bestimmten Gründen nicht veröffentlichen; wir glauben aber, daß wir für diese Untersuchungen mit den prozentualen Angaben, die ja auf den absoluten Zahlen basieren, auskommen werden. (Gegenwärtig rechnet man rd. 70 % für Inland- und 30 % für Auslandaufträge.)

letztere basiert auf Unterlagen, die ihr von rd. 700 Firmen auf einem festformulierten Fragebogen monatlich geliefert werden, und ist also, wenn sie auch nicht alle Maschinenbauanstalten umfaßt, doch durchaus in der Lage, ein einwandfreies und gutes Bild zu geben. Die Tatsache, daß sie nicht für die Presse bestimmt und bearbeitet ist, garantiert die Tendenzlosigkeit ihrer Zahlen, und die Durchgliederung nach den verschiedensten Gesichtspunkten gestattet einen guten Einblick in die verschiedenen Fragenkomplexe. Ein weiterer Vorteil ist, daß sie von gut geschultem, mit der Maschinenindustrie vertrautem Personal durch-

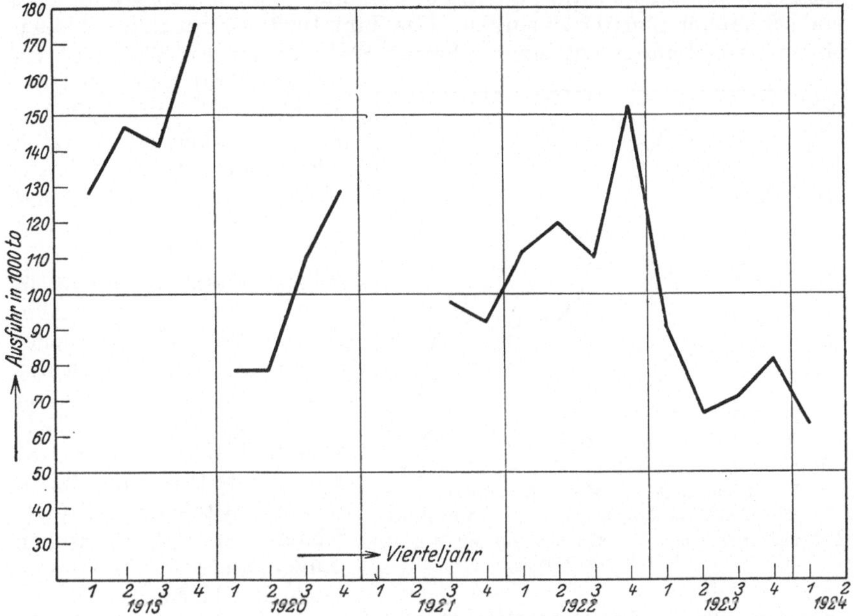

Kurve 1. Deutsche Maschinenausfuhr während der Jahre 1920—1924
(1913 als Vergleichsjahr).

geführt wird. Die Reichsstatistik hingegen entbehrt diese Vorzüge mehr oder weniger, und da ihr von verschiedener Seite schon grobe und einwandfreie Fehler nachgewiesen wurden[1]), wird sie in Fachkreisen des Maschinenbaues mit einer gewissen Skepsis betrachtet. Ein Vergleich der Zifferreihen beider Statistiken zeigte, daß sie in den Einzelzahlen zwar große Differenzen aufweisen (was man schon aus der Tatsache erklären kann, daß die Reichsstatistik jede Exportziffer verwertet); beide Statistiken stimmen aber in den Schwankungen der Zahlen nach oben oder unten überein, beide geben somit eine brauch-

---

[1]) Wir erinnern daran, daß die Reichsstatistik Wertangaben bis Juli 1923 in Papiermark wiedergab, des weiteren weisen wir bei dieser Gelegenheit auf die oft wiederkehrende unangenehme Position „andere Maschinen" oder „Ausfuhr nach anderen Ländern" hin, in der oft größere Zahlen enthalten sind als in irgendeiner genau benannten Position.

bare Illustration der Lage. Soweit es sich nun um Exportziffern handelt[1]), bringen wir im folgenden weiterhin die Ziffern der Reichsstatistik. Bei den Untersuchungen über Auftragseingänge und Versand, sowie über die Produktionsintensität verwenden wir die Privatstatistik des V. d. M. A., zumal ja Spezialuntersuchungen für mehrere Zeitabschnitte nur auf Grund adäquater Statistiken erfolgreich durchgeführt werden können.

Die Entwicklung des Maschinenexports während der Jahre 1920—23 veranschaulicht die erste Kurve. Im Jahre 1920 erreichte er mit 129646 t die höchste Ziffer, um 1921 im 3. und 4. Vierteljahr auf 97585 t und schließlich 92010 t zu sinken. Das Jahr 1922 beginnt in den beiden ersten Vierteljahren mit einer scharfen Steigung bis zu 121442 t. Im 3. Vierteljahr senkt sich die Ziffer wieder auf 110243 t, klettert aber im letzten Vierteljahr auf die Rekordziffer von 151756 t und kommt somit der Ziffer von 1913 von 176383 t in derselben Zeitspanne am nächsten. Die katastrophalen Folgen des Ruhreinbruches zeigen sich in dem Sturze von rd. 151756 t auf 90075 t im 1. und 66010 t im 2. Vierteljahr. Im 3. Vierteljahr trat eine leichte Besserung ein. In der nebenstehenden Tabelle finden wir den deutschen Außenhandel in Maschinen nach den 12 Fachverbandsgruppen des Vereins deutscher Maschinenbau-Anstalten übersichtlich

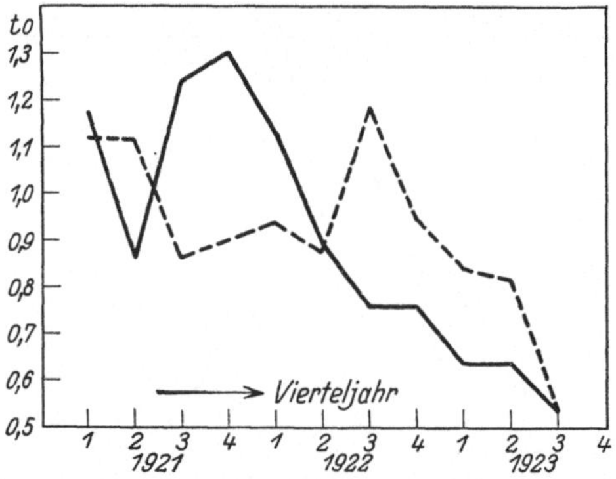

Kurve 2. Darstellung der Produktionsintensität im Maschinenbau
——— Auftragseingang, ········· Versand.
Auftragseingang und Versand bezogen auf den Kopf eines Beschäftigten.

geordnet. Die Tendenz der Einfuhrschrumpfung sowie die Krisis im Jahre 1923 spiegelt sich deutlich in den einzelnen Gruppen wieder. Auch eine Verschiebung bezüglich der Ausfuhrziffern innerhalb der verschiedenen Gruppen ist deutlich wahrnehmbar. Man beachte z. B. das Ansteigen der Lokomotivenausfuhr von 53000 t im Jahre 1913 auf 101000 im Jahre 1922! In allen übrigen Gruppen hatte die Ausfuhr den Stand von 1913 selbst während der günstigsten Konjunktur (1922) noch nicht erreicht.

Das Bild, das wir durch diese Ziffern erhalten haben, wird verschärft durch zwei weitere Kurven, die neben der Darstellung der Entwicklung uns noch Aufschluß geben über die Produktionsintensität im Maschinenbau während der Jahre 1921—23. Die eine

---

[1]) Die Ziffern im Jahre 1923 sind allerdings nach Handakten verschiedener amtlicher Stellen und nach der Reichsstatistik aufgestellt. Wir betonen nochmals: Die Statistik kann uns ein richtiges Bild der Ausfuhr geben, eine absolute Genauigkeit auf die Tonne gibt es nicht

Deutschlands Außenhandel in Maschinen nach den 12 Fachverbandsgruppen.

Statistisches Warenverzeichnis Abschn. 18 A und aus Abschn. 17
No. 783a, b, d, e, 799a, b, d, 804/805, 807, 808b, 816a—c, 817—819,
834, 891e—g.

Fachverbandsgruppe	Einfuhr (in 1000 t)			Ausfuhr (in 1000 t)		
	1913	1922	1923	1913	1922	1923
I. Werkzeugmaschinen . . .	7,5	1,6	1,1	90,3	78,2	49,8
II. Textilmaschinen	26,1	2,0	1,2	79,9	47,9	49,7
III. Landmaschinen und Geräte	41,2	2,3	0,7	80,8	60,5	44,3
IV. Lokomotiven	0,5	1,2	—	53,3	101,3	17,2
V. Kraftmaschinen	5,8	1,4	1,4	100,3	62,8	46,6
VI. Arbeitsmaschinen	1,7	0,3	0,7	22,7	16,3	12,7
VII. Hütten-, Stahl- und Walzwerksanlagen in Maschinen[1])	—	—	—	—	—	—
VIII. Mechanische Fördermittel (Krane, Aufzüge, Hebezeuge), Wagen.	3,2	1,0	0,3	39,6	28,5	18,7
IX. Maschinen für die Papierindustrie und das graphische Gewerbe	1,7	0,2	0,3	29,1	23,4	21,1
X. Maschinen für d. Nahrungs-, Genußmittel- u. chemische Industrie	0,6	0,1	0,1	40,5	24,9	15,1
XI. Zerkleinerungs- und Aufbereitungsmaschinen . . .	0,8	1,0	0,2	32,6	12,6	8,8
XII. Verschiedenes	9,7	4,8	2,5	96,3	82,8	60,6

Kurve zeigt den Auftragseingang in Tonnen, bezogen auf den Kopf des Beschäftigten, die andere gibt die Höhe des Gesamtversandes in Tonnen, gleichfalls auf einen Beschäftigten bezogen, wieder. Die Versandkurve hinkt der Auftragskurve um rd. ein Jahr nach — eine Folge der meistens langfristigen Lieferzeiten im Maschinenbau. Während also 1921 ein ziemlich geringer Export (siehe Exportkurve) bei ziemlich geringer Produktions- und Versandintensität stattfand, weist die Auftragskurve im selben Jahre eine starke Steigerung auf. Im nächsten Jahre 1922 ist diese vorjährige Auftragssteigerung an der steigenden Versand- und Exportkurve deutlich wahrzunehmen, während die Auftragskurve in den drei ersten Jahresvierteln einen merklichen Rückgang aufweist, sich im 4. Vierteljahr erholt und im 1. und 3. Vierteljahr 1923 noch tiefer sinkt. Gleichzeitig stürzt die Versandkurve bis auf 0,53 t pro Kopf der Beschäftigten. Wenn auch, wie wir aus der Senkung der Auftragskurve im Jahre 1922 sehen, der Exportrückgang des Jahres 1923 auf die Stockung des Auftragseingangs im Jahre 1922 mit zurückzuführen ist (der Grund der Stockung ist mit in

---

[1]) Ein- und Ausfuhrzahlen sind nicht festzustellen, da die Erzeugnisse zum Teil unter Werkzeugmaschinen (Gruppe I), zum Teil zusammen mit verschiedenen anderen nicht hierher gehörigen Erzeugnissen in Abschn. 17 des Zolltarifs aufgeführt sind. Die Ziffern sind gleichfalls und als annähernd richtig anzusehen. — Absolute Zahlen gibt es für die Maschinenausfuhr nicht. (Vgl. Geschäftsbericht des V. d. M. 1923, S. 23.)

der unsicheren politischen Lage zu suchen), so liegt der Grund für den weiteren Sturz der Auftrags- wie der Versandkurve zweifelsohne im Ruhreinbruch. Nun gestatten aber die drei Kurven noch eine letzte, interessante Feststellung; wir haben aus dem wirtschaftspolitischen Überblick gesehen, daß bei den meisten Ländern bereits 1920 und vor allem 1921 eine schwere Absatz- und Geldkrisis eintrat. Zu dieser Zeit weist die Auftragskurve eine starke Steigerung auf, die deutsche Maschinenindustrie gewann also im Weltkrisenjahr sichtlich an Boden auf dem Weltmarkt, in dem Augenblicke aber, wo sich die Länder von ihrer Krise erholten und sich vor allem zum Kampfe aufrafften um die Behauptung des Absatzmarktes und um Deutschland mit allen Mitteln zu drosseln, sinkt die Auftragskurve bedenklich und erreicht mit der Ruhrbesetzung, als dem Schlußstein einer nach unserer Ansicht noch viel zu wenig betonten systematischen Politik, ihren tiefsten Stand. Das ist die interessante, jetzt noch aktuelle Wahrnehmung des Wirtschaftsjahres 1921.

Das Bild, das wir von der Konjunkturentwicklung in der Maschinenindustrie durch die drei besprochenen Kurven gewinnen, wird noch zweckmäßig ergänzt und vertieft durch eine Besprechung des Beschäftigungsgrades in der Maschinenindustrie unter Verfolgung der nächsten Kurven und Tabellen. Wir gewinnen durch sie einen Überblick über den Beschäftigungsgrad in der Maschinenindustrie durch eine Wiedergabe des prozentualen Verhältnisses zwischen dem Ist-Bestand der Beschäftigten und dem Soll-Bestand bei voller Ausnutzung des Betriebes.

Beschäftigungsgrad in der Maschinenindustrie, ausgedrückt in Prozenten des Ist-Bestandes der Beschäftigten gegenüber dem Soll-Bestand bei voller Beschäftigung.

Jahr	Maschinenbau %	Eisengießerei %	Stahl- und Metallgießerei %	Sonstige Werkstätten %	Insgesamt Arbeiter %	Insgesamt Angestellte (Beamte) %
1921						
1. Vierteljahr	86,0	88,8	92,6	86,7	86,4	98,9
2. „	92,6	87,4	92,5	92,1	92,1	96,6
3. „	88,2	91,4	91,2	93,0	89,5	97,4
4. „	88,8	94,4	95,7	95,1	90,5	98,1
1922						
1. Vierteljahr	88,3	91,6	88,9	89,9	88,9	98,1
2. „	92,6	87,4	92,2	92,1	92,1	96,6
3. „	88,2	91,4	91,2	93,0	89,5	97,4
4. „	88,8	94,4	95,7	95,1	90,5	98,1
1923						
1. Vierteljahr	88,2	92,9	90,7	89,9	88,9	98,1
2. „	89,3	95,2	92,8	95,4	90,6	98,9
3. „	90,0	95,7	92,8	96,3	91,2	99,2
4. „	—	—	—	—	—	—

Der Beschäftigungsgrad in den Maschinenbauwerkstätten (Kurve 1), der Eisengießerei (Kurve 2), der Stahl- und Metallgießerei (Kurve 3) und in den sonstigen Werkstätten ist, wie man sieht, annähernd den gleichen Schwankungen unterworfen. Die Beschäftigungsintensität differiert allerdings zwischen den einzelnen Betriebszweigen. Am tiefsten ist die Kurve 1 der Maschinenbauwerkstätten. Im 2. Vierteljahr 1921 macht sie die allgemeine Steigerung mit (deutsche Industriehausse bei einer Weltkrisis), dann aber stürzt sie im 3. Vierteljahr und erholt sich nicht, wie die Kurven der anderen Betriebszweige Ende 1921 oder Anfang 1922; erst Mitte 1922 zeigt sie eine jähe Steigerung, stürzt im 3. Vierteljahr 1922 wieder, erholt sich zum Jahresende, wird aber im 1. Vierteljahr 1923 noch tiefer getrieben, um sich in den nächsten Vierteljahren langsam zu erholen. Mit Ausnahme der Höhepunkte im letzten Vierteljahr 1921 und im 2. Vierteljahr 1922 blieb sie stets tiefer als die anderen Kurven. Diese Tatsache ist in dem Umstande begründet, daß in jeder Maschinenbauanstalt die Maschinenbauwerkstätten bei Absatzschwierigkeiten für Maschinen am ersten unter Beschäftigungsmangel zu leiden haben, hingegen die alten Gießereien sowie die Stahl- und Metallgießereien sich noch länger auf guter Betriebsintensität halten können. Der Rückgang der Belegschaften in der Eisengießerei auf zeitweise nur noch 87 % des zur vollen Betriebsausnutzung erforderlichen Soll-Bestandes der Belegschaften ist auf die ziemlich

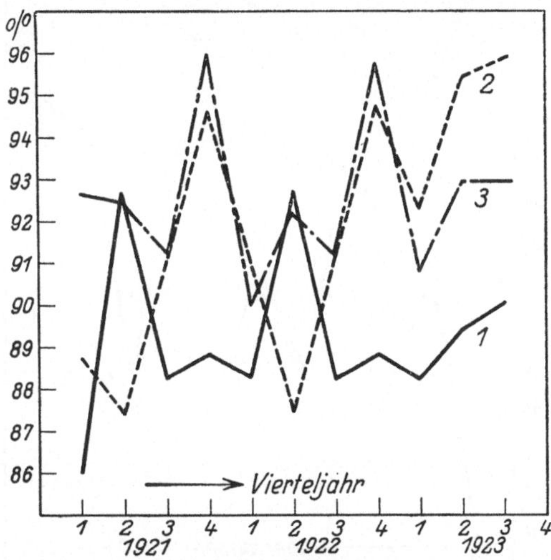

Kurve 3. Beschäftigungsgrad in der Maschinenindustrie, ausgedrückt durch das prozentuale Verhältnis des Ist-Bestandes der Beschäftigten zum Soll-Bestand.
1. Beschäftigungsgrad in den Maschinenbauwerkstätten,
2. Beschäftigungsgrad in der Eisengießerei,
3. Beschäftigungsgrad in der Stahl- und Metallgießerei.

starke Abhängigkeit der Produkte, die größtenteils Standardartikel sind, von der englischen und amerikanischen Preisstellung zurückzuführen. Interessant ist auch die Feststellung, daß der Beschäftigungsgrad der Beamten insgesamt (Kurve 6) der Konjunkturschwankungen keineswegs in dem Maße unterworfen ist, wie der Beschäftigungsgrad der Arbeiter. Die Kurve, die sich in recht günstiger Höhe hält, weist nur 1921 im 2. Vierteljahr einen Rückgang des Beschäftigungsgrades auf, um dann in den kommenden Zeitabschnitten langsam wieder auf 98,2 % des Soll-Bestandes zu steigen. Mit der prozentualen Beschäftigung der Arbeiter läßt sie sich demnach nicht vergleichen. Man sieht in diesem Bilde die Tatsache bestätigt, daß die Beamtenschaft eines Werkes als der Kern eines Betriebes von Konjunkturschwankungen unabhängiger ist als die Arbeiterschaft. Die Zahl der beschäftigten Arbeiter gibt anderseits ein gutes Bild von der herrschenden Konjunktur, ihre Verringerung unter den Soll-Bestand kann als Regulativ, Krisen am schnellsten aufzufangen, benutzt werden (vgl. Kapitel III).

Auf einen Kausalzusammenhang zwischen den eben besprochenen Kurven mit der Auftrags- und Versandkurve möchten wir im Anschluß an die letzten Ausführungen hinweisen. Und zwar läßt sich bei der Vergleichung der einzelnen Kurven untereinander folgendes feststellen, daß nämlich die starke Annäherung der Arbeiterzahl zum Soll-Bestand der Beschäftigten im 2. Vierteljahr 1921 auf den steigenden Auftragseingang in derselben Zeitspanne zurückzuführen ist, während die zweite Steigerung im 2., 3. und letzten Vierteljahr 1922 die hohe Versandziffer zur Ursache hat, das heißt also, Aufträge sowohl wie Versand haben auf den Verlauf des prozentualen Verhältnisses zwischen Ist- und Soll-bestand der Beschäftigten entscheidenden Einfluß. Mit diesen Erörterungen scheint uns das Auf und Ab der Entwicklung in der Maschinenindustrie hinlänglich skizziert, scheinen uns die einzelnen Entwicklungsphasen fest umrissen zu sein. — Es erhebt sich nun die Frage, wo die Wurzeln der dargelegten Entwicklung zu

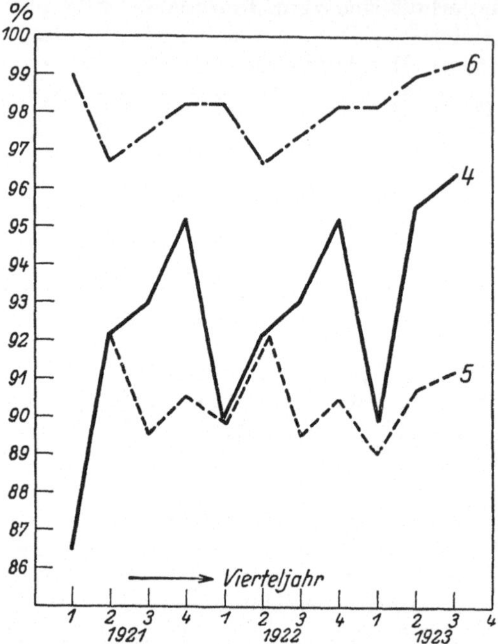

Kurve 4. Beschäftigungsgrad in der Maschinenindustrie, ausgedrückt durch das prozentuale
Verhältnis des Ist-Bestandes der Beschäftigten
zum Soll-Bestand.

4. Beschäftigungsgrad in sonstigen Werkstätten,
5. Beschäftigungsgrad der Arbeiter insgesamt,
6. Beschäftigungsgrad der Beamten.

suchen sind, welches die Hauptursachen der Konjunkturschwankungen waren.

Die starke Steigung des Maschinenexports im Jahre 1921 haben wir schon zu veranschaulichen gesucht: Deutschland war zu jenem Zeitpunkte fähig, auf Grund seiner valutarischen Entwicklung (siehe Kapitel III—V) günstige Angebote zu machen und hatte den Vorteil, dank der Inflationspolitik seiner Regierung, keiner schweren Geldkrise ausgesetzt zu sein, während die anderen Länder alle unter der Umstellung ihrer Wirtschaft und großen Absatzkrisen zu leiden hatten. Aber bereits 1922 änderte sich das Bild. Sehr unangenehmer Erz- und Kohlenmangel beunruhigte die Produktion und die rapide fortschreitende Markentwertung nötigte die Betriebe, von den Festpreisen, die man noch bis April 1922 einzuhalten suchte[1]), abzuweichen und zu anderen Zahlungsbedingungen überzugehen[2]). Begreiflicherweise stießen die Gleitpreise im Auslande auf große Abneigung. Gegen Ende des Jahres 1922 ging man dann allgemein bei der Ausfuhr zu einer Preisstellung in fremder Währung über. Große Beunruhigung verursachte auch die Ausfuhrabgabe, die man bei den zu diesem Zeitabschnitt scharf einsetzenden Kampf um den Absatzmarkt als unangenehme Belastung empfand.

Besonders in Spanien, Ungarn, Deutsch-Österreich, Polen, Sowjetrußland und Südslawien traten für die Maschinenindustrie um die Wende des Jahres 1922 erhebliche Absatzstockungen ein. Begann sich doch in dieser Zeit in den genannten Ländern die Maßnahmen zur friedlichen Abschnürung Deutschlands durch die französische Gruppe auszuwirken, eine Tendenz, die wir im ersten Teile genugsam dargelegt haben. In welchem Maße eine tatsächliche Drosselung deutscher Einfuhr stattgefunden hat, sollen einige Beispiele im II. Kapitel darlegen.

All die geschilderten Momente traten im Jahre 1923 noch in viel verschärfterem Maße in Erscheinung. Man kann das hinter uns liegende Jahr als das Krisenjahr der deutschen Volkswirtschaft bezeichnen. Sowohl auf wirtschaftlichem als auch auf politischem Gebiete folgten Erschütterungen auf Erschütterungen. Die Maschinenindustrie erlitt eine schwere Belastung durch den französisch-belgischen Ruhreinbruch, der zeitweise zu einer völligen Lahmlegung der dortigen Betriebe führte. Das fast restlose Schwinden des Vertrauens des Auslandes in die deutsche Industrie, das seinen Ausdruck fand in dem Auftragsrückgang (siehe Auftragskurve), ist verwurzelt einmal in der Unsicherheit der deutschen außen- und innenpolitischen Verhältnisse und sodann in der fast in allen Kreisen im Auslande vertretenen Ansicht, Deutschland immer noch als einen Fremdkörper im Welthandelsorganismus zu betrachten (vgl. Zusammenfassung des ersten Teiles), der möglichst auszuschalten sei.

Wenn wir diesen Prozeß der Verdrängung Deutschlands vom Weltmarkt, der zu Beginn des Ruhreinbruches gewiß in sein gefährlichstes Stadium getreten war, streifen, erscheint es uns unerläßlich, auch auf folgende Tatsache hinzuweisen, die sich im Jahre 1923 immer schärfer auszuwirken begann: der durch die wachsende Inflation bedingte steigende Geldbedarf der deutschen Industrie zwang den deutschen Exporteur im Laufe des vergangenen Jahres zu einer immer kürzeren Bemessung der seinen ausländischen Abnehmern einzuräumenden Kredite, zu einer immer schärferen Gestaltung der Zahlungsbedingungen. Das geldgesättigte Ausland hingegen — insbesondere die Vereinigten Staaten — vermochte es, im Wettbewerb mit Deutschland seinen ausländischen Abnehmern langfristige Kredite bis zu drei Jahren einzuräumen. Die geschwächte Position der deutschen Industrie, insbesondere der Maschinenindustrie mit ihren langen Lieferverträgen,

---

[1]) Vgl. Kap. IV: Entwicklung der Zahlungsbedingungen.
[2]) Vgl. Kap. IV: Entwicklung der Preisvorbehalte.

im Konkurrenzkampf mit dem Auslande tritt hierin klar zutage[1]). Veranschaulichen wir uns doch einmal an Hand einiger Daten die trostlose Situation gegen Ende des Jahres 1923. Der Dollar galt am 1. Dezember 1923 4,2 Bill. gegen 7241,85 M. im Januar 1923. Das Pfund galt am 1. Dezember 1923 8,35 Bill. gegen 33416,22 M. im Januar 1923. Der holländische Gulden galt am 1. Dezember 1923 71,596 Bill. gegen 2855,34 M. im Januar 1923. Der Schweizer Frank am 1. Dezember 1923 738,15 Milld. gegen 1371,56 M. im Januar 1923. Gießereiroheisen I kostete am 1. Dezember 1923 116 Goldmark gegen 104 Goldmark am 1. Januar 1923. Stabeisen kostete am 1. Dezember 1923 191 Goldmark gegen 181 Goldmark im Januar 1923. Kohle kostete am 1. Dezember 1923 24,92 Goldmark gegen 13 Goldmark im Januar 1923!

Der Durchschnittslohn eines gelernten Facharbeiters mit sozialen Zulagen (Frau und ein Kind) belief sich im Dezember 1923 nach den Sätzen des Verbandes Berliner Metallindustrieller auf rd. 55 Goldpfennige gegen 23 Goldpfennige im Januar 1923!

Diese Ziffern bedürfen keiner weiteren Erläuterung. Der Beginn des Jahres 1924 stand im Zeichen der Währungsstabilisierung, die zwar noch keinen nennenswerten Umschwung der geschilderten Lage herbeiführen konnte, die aber immerhin schon zu einer gewissen Beruhigung führte. Die Senkung der Rohstoffpreise und Löhne, die ja September 1923 bedenklich hochgeschnellt waren, ermöglichte auch eine Herabsetzung der Preise für Maschinen auf den ungefähren Stand der Weltmarktpreise[2]). Diese Preissenkung beginnt sich nach den uns zugänglichen Berichten in einem etwas reichlicheren Eingang von Anfragen aus dem In- und Auslande auszuwirken. Auch wird in Fachkreisen von einer merklichen Besserung der Arbeitsleistung des einzelnen Mannes berichtet. Freilich ist der Auftragseingang sowohl aus dem In- wie aus dem Auslande für eine volle Ausnutzung der Betriebe noch nicht genügend hoch. Darum sollen verschiedene Maßnahmen zur Hebung der Exportfähigkeit angestrebt werden[2]).

Die ganzen abnormen Verkehrsverhältnisse des besetzten Gebietes tragen zu einer schwierigen Abwicklung der Geschäfte nach dem unbesetzten Deutschland bei, wenn auch der Ablauf von Maschinen vom besetzten nach dem unbesetzten Deutschland von den Besatzungsbehörden leichter gewährt wird als vordem. Überhaupt wird die Lösung des Ruhrproblems (vgl. Kap. III, Frankreich) wesentlich zur Entspannung der Wirtschaftslage der Maschinenindustrie beitragen, die zwar — und damit möchten wir dieses Kapitel schließen — eine leichte Neigung zur Besserung im Laufe des Jahres zeigt, die aber doch gänzlich abhängig ist von der Entwicklung der handelspolitischen Ziele der einzelnen Ländergruppen. Entscheidend wird es sein, ob in der französischen Gruppe eine vernünftigere Zielrichtung oder wenigstens eine Abwanderung eintritt. Entscheidend wird es weiterhin sein, ob Deutschland seinerseits die teilweise Isolierung auf Grund der wiedergewonnenen

---

[1]) Vgl. auch Kap. V, S. 131 (5.).
[2]) Siehe Kap. III u. V.

Handelsfreiheit aufzuheben und so den Anstoß zu einer Neugruppierung zu geben vermag. Entscheidend wird schließlich die Lösung des Reparationsproblems die gesamte deutsche Wirtschaftsentwicklung beeinflussen.

Die einzelnen Fragen des Maschinenexports, wie sie sich aus dem ersten Teile und der nunmehr abgeschlossenen Entwicklungsskizze der Maschinenindustrie ergaben, sollen Gegenstand der folgenden Kapitel sein. Untersuchungen über die Auswirkung der geschilderten Handelspolitik, eine vergleichende Darstellung der Lohn- und Rohstofffragen in Deutschland und seinen Wettbewerbsländern und, daran angegliedert, eine Entwicklung der Zahlungsbedingungen und Änderungen der Selbstkosten bezwecken eine wesentliche Vertiefung der Arbeit, die dann durch Vorschläge über die Möglichkeiten der Hebung des Maschinenexports ihren Abschluß finden soll.

II. Spezialuntersuchungen.

Über die Auswirkungen der Handelsvertrags- und Zollpolitik der einzelnen Länder auf den deutschen Maschinenbau (Beispiele).

Im ersten Teile sahen wir wiederholt, wie einzelne Länder — wir nennen nur Spanien, Italien und Frankreich — mit dritten Staaten Handelsverträge schlossen, in denen sie sich gegenseitig Zollvergünstigungen zugestanden, von deren Genuß Deutschland ausgeschlossen blieb. — Wir deuteten an, daß Deutschland fast allen seinen wichtigsten Wettbewerbern gegenüber (speziell des Maschinenbaues) auf dem Weltmarkte benachteiligt ist. Die Richtigkeit dieser Behauptungen für einen bestimmten in der Folge noch näher zu umreißenden Zeitabschnitt, ganz besonders aber für die unter stabilen Währungsverhältnissen arbeitende deutsche Wirtschaft, sollen die nachstehenden Untersuchungen beweisen. Sie sollen erkennen lassen, wieviel an Zoll der ausländische Käufer von Maschinen mehr zu zahlen hat, wenn er deutschen, durch höhere Zölle benachteiligten Maschinen, gegenüber gleichartigen, durch minder hohe Zölle bevorteilten Maschinen aus anderen Ländern den Vorzug zu geben gewillt wäre.

Diese Zollmehrbelastungen, gemessen am Ausfuhrpreis der jeweils in Frage stehenden Maschinen, erbringen den schlagenden Beweis dafür, daß die Exportfähigkeit des deutschen Maschinenbaues bei einerseits stabilen Währungsverhältnissen und andererseits bei ausbalanziertem Weltpreisniveau unter Beibehaltung der derzeitigen Zollverhältnisse gänzlich unterbunden werden muß. Bei einer Weltwirtschaftslage, wie sie soeben charakterisiert wurde — selbstverständlich auch unter den heutigen Verhältnissen —, ist es dem deutschen Unternehmer fraglos unmöglich, derartige Zollmehrbelastungen durch entsprechende Preisnachlässe im Angebot wettzumachen[1]).

-----

[1]) Vgl. Kap. III und V.

Für eine derartige Spezialuntersuchung scheint uns Spanien in erster Linie besonders geeignet. — Man kann die spanischen Handelsverträge als Schulbeispiel protektionistischer Wirtschafts- und Zollpolitik hervorheben, einmal wegen der ausgeprägten tief gegliederten Zolltarifabreden für die Schweiz, Frankreich, England, Norwegen und Italien, und zum andern auch wegen der Ausgestaltung des Valutazuschlages, einer Maßnahme gegen Valutadumpings. Beides typische Kennzeichen einer Handelspolitik der Nachkriegszeit, die dank ihrer Elastizität einen unangenehmen Konkurrenten ungeheuer schnell und schwer treffen kann.

Entwicklung der Valutazuschläge auf den Einfuhrzoll nach Spanien für deutsche, französische, italienische, belgische und tschechoslowakische Maschinen während der Jahre 1921—1924.

Jahr	Frankreich %	Belgien %	Italien %	Deutschland %	Tschechoslowakei %
1921					
Juni	25,949	25,361	42,000	61,369	
Juli	26,340	26,184	43,715	61,954	
August . . .	27,147	20,356	44,495	62,784	
September .	27,830	28,361	46,559	63,375	
Oktober . . .	29,925	30,2933	46,753	64,731	66,386
November . .	31,689	31,821	48,507	66,107	64,249
Dezember . .	32,932	34,051	48,920	67,550	
1922					
Januar . . .	[1])			67,616	[1])
Februar . . .				67,512	
März	32,022		49,113		
April	29,778		47,102		
Mai	28,309				
Juni	33,222			78,168	70,035
Juli	35,416			78,221	70,232
August . . .			56,267	78,718	68,620
September .				80,000	67,520
Oktober . .				80,000	
November .				80,000	62,632
Dezember . .				80,000	62,800
1923					
Januar . . .				80,000	64,400
Februar . . .				80,000	64,851
März				80,000	64,065
April				80,000	64,652
Mai				80,000	64,312
Juni				80,000	64,960
Juli				80,000	63,992
August . . .				80,000	61,600
September .				80,000	63,378
Oktober . .				80,000	62,405
November .				80,000	61,416
Dezember . .				76,433	62,200
Januar 1924 .				78,695	62,037

[1]) In diesen Monaten wurden die betr. Länder nicht notiert.

Zu der Entwicklung des Valutazuschlages in Spanien, wie sie in den folgenden Kurven wiedergegeben wird, ist folgendes zu bemerken: Der Valutaentwertungszuschlag, erstmalig Juni 1921 eingeführt[1]), wird zu den jeweiligen Eingangszöllen hinzugeschlagen. Seine prozentuale Höhe ist zu errechnen aus der Differenz zwischen 100 und dem Durchschnittskurs der Währung eines Landes, multipliziert mit einem feststehenden Faktor. Die Formel lautet demnach: $(100 - Kd) \times F = Vz.$ Kd, der Durchschnittskurs der Währungen, die am Peseten gemessen über 70 % entwertet sind, wird monatlich in der Gaceta de

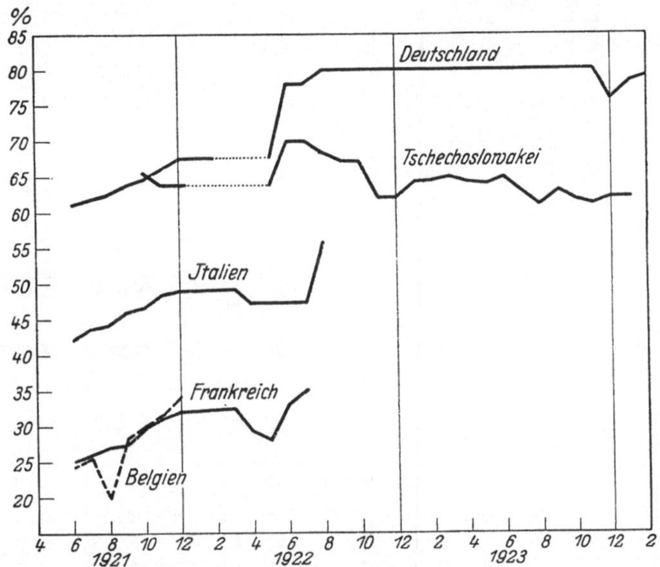

Kurve 5. Entwicklung der Valutazuschläge auf den Einfuhrzoll nach Spanien für deutsche, tschechoslowakische, italienische, französische und belgische Maschinen während der Jahre 1921—1924.

Madrid veröffentlicht, F der Multiplikationsfaktor, war Juni 1921 zuerst auf 0,7 festgesetzt, wurde Februar 1922 für Deutschland aufgehoben, bestand aber für die anderen Länder noch weiter und trat im Juni 1922 auch für Deutschland mit einer Erhöhung auf 0,8 erneut in Kraft.

Die Kurven und Zahlen geben die Entwicklung für Frankreich, Belgien, Italien, die Tschechoslowakei und Deutschland wieder[2]). Frankreich, das sich vor Abschluß seines Handelsvertrages mit Spanien im Zollkrieg befand, scheidet bereits im Juli 1922 nach vollzogenem Abschluß aus; noch früher wurde Belgien nicht mehr notiert, auch

---

[1]) Vgl. I. Buch: Spanien, S. 53.
[2]) Österreich kommt zwar auch noch zur Notierung; da es aber mit Spanien in keinem Vertragsverhältnis steht (vgl. Kap. XI, S. 55), kommt es bei unserer Aufstellung nicht in Frage.

Spanischer Einfuhrzolltarif (Text siehe Seite 86).

Übersicht über die der Schweiz, Frankreich und England von Spanien eingeräumten Zollermäßigungen auf Erzeugnisse des Maschinenbaues im Vergleich mit den von Deutschland zu entrichtenden Zollsätzen nach dem Stande vom August 1923.

M = Meistbegünstigung.　Schweiz: Vertrag vom 15. Mai 1922.　Frankreich: Vertrag vom 8. Juli 1922. England: Vertrag vom 31. Oktober 1922.　Deutschland: Vertrag vom 23. Dezember 1922 und 15. Januar 1923.

Lfd. Nr.	Tarif-Nr.	Gegenstand	Zolleinheit	Sondertarif			Zusammenfassung lt. Vertragsbestimmung u. infolge Meistbegünstigung zahlen die Schweiz, Frankreich u. England Zollsatz in Gold-Peseten	zweite Tarifreihe Deutschland		Endgültiger Zollsatz in Papier-Peseten		Mehrbelastung Deutschlands in %
				Schweiz	Frankreich	England		Grundzoll	plus 80 v. H. Valutaaufschlag	Schweiz Frankreich England	Deutschland	
1	aus 357	Radiatoren und Rippenrohre aus Eisen für Heizungszwecke . . .	100 kg br.	—	M	36,—	36,—	44,—	79,20	48,74	105,76	120,—
2	„ 495	Verbrennungsmotoren: b) für leichtflüssige Brennstoffe (Gasolin, Spiritus usw.) 1. mit 1—2 Zyl. bis 1000 kg Gew.	100 „ „	M	M	88,—	88,—	110,—	198,—	117,40	264,39	125,—
3	„ 497	2. mit mehr als 2 Zylindern bis 1000 kg Gewicht	100 „ „	M	M	176,—	176,—	220,—	396,—	235,03	528,81	125,—
4	„ 502	Ersatzteile für Motoren, einzelne Teile für Verbrennungsmotoren .	100 „ „	M	135,—	M	135,—	150,—	270,—	180,27	360,55	100,—
5	„ 504	Dampfmaschinen: über 500—2000 kg Gewicht . .	100 „ „	M	M	100,—	100,—	113,—	203,40	133,54	271,60	103,40
6	„ 505	über 2000—10000 kg Gewicht .	100 „ „	M	M	75,—	75,—	82,—	147,60	100,15	197,10	9,68
7	„ 506	über 10000—50000 kg Gewicht.	100 „ „	M	62,—	62,—	62,—	69,—	124,20	82,79	165,85	100,—
8	aus 503 bis 506	Lokomobilen v. jedwedem Gewicht										
		ad 503　　dgl.	100 „ „	M	M	60,—	60,—	132,—	237,60	80,12	317,29	296,—
		ad 504　　dgl.	100 „ „	M	M	60,—	60,—	113,—	203,40	80,12	271,60	239,—
		ad 505　　dgl.	100 „ „	M	M	60,—	60,—	82,—	147,10	80,12	197,10	146,—
		ad 506　　dgl.	100 „ „	M	M	60,—	60,—	69,—	124,20	80,12	165,85	107,—
9	„ 507	Dampfmaschinen: über 50000 kg Gewicht	100 „ „	M	32,—	32,—	32,—	40,—	72,—	42,73	96,15	125,—
10	„ 510	über 10000—25000 kg Gewicht.	100 „ „	32,—	32,—	M	32,—	35,—	63,—	42,73	84,13	96,88
11	„ 510a	von mehr als 25000 kg Gewicht	100 „ „	29,—	29,—	M	29,—	35,—	63,—	33,39	69,70	108,8
12	„ 511	Tenderlokomotiven f. Dampfbetrieb für Eisenbahnen unter 1 m Spurw.	100 „ „	M	110,—	100,—	100,—	155,—	279,—	133,54	372,46	174,—

13	„	512	für Eisenbahnen von 1 m u. mehr Spurweite unter 55 t Gewicht	100	„	„	M	100,—	90,—	90,—	130,—	234,—	120,10	312,48	160,—
14	„	513	über 55 t Gewicht	100	„	„	M	90,—	70,—	70,—	105,—	189,—	93,48	252,29	170,—
15	„	514	Ersatzteile hierfür	100	„	„	M	120,—	M	120,—	155,—	279,—	160,25	360,04	125,—
16	„	516	Elektrische Lokomotiven	100	„	„	M	80,—	M	80,—	100,—	180,—	106,73	240,27	150,—
17	„	517	Lokomotiven od. and. auf Schienen laufende Fahrzeuge mit Selbstantrieb, jedoch nicht mittels Dampf oder Elektrizität	100	„	„	M	70,—	M	70,—	80,—	144,—	93,47	192,29	120,—
18	„	518	Tender	100	„	„	M	60,—	M	60,—	65,—	117,—	80,12	156,24	95,—
19	„	520	Hydraulische Motoren: über 500—2000 kg Gewicht	100	„	„	M	54,—	M	54,—	60,—	108,—	72,11	144,21	100,—
20	„	521	über 2000—10000 kg Gewicht	100	„	„	40,—	40,—	M	40,—	50,—	90,—	53,42	120,18	125,—
21	„	522	über 10000 kg Gewicht	100	„	„	30,—	30,—	M	30,—	35,—	63,—	40,06	84,13	110,—
22	„	524	Gaserzeuger u. deren einzelne Teile	100	„	„	55,—	55,—	M	55,—	60,—	108,—	73,44	144,21	96,36
23	„	525	Feuerrohrkessel	100	„	„	M	M	56,—	56,—	70,—	126,—	74,78	168,26	125,—
24	„	526	Wasserrohrkessel	100	„	„	M	M	60,—	60,—	75,—	135,—	80,12	180,27	125,—
25	„	529	Mechanische Hebezeuge u. Transportvorrichtungen jeder Art: über 500 bis einschl. 3000 kg Gew.	100	„	„	M	54,—	M	54,—	60,—	108,—	72,11	144,21	100,—
26	„	530	über 3000 kg Gewicht	100	„	„	M	45,—	M	45,—	50,—	90,—	60,09	120,18	100,—
27	„	531	Schwungräder für Maschinen jeder Art	100	„	„	33,—	33,—	M	33,—	35,—	63,—	44,06	84,13	90,90
28	„	537	Werkzeugmaschinen zur Metallbearbeitung: v. 4001 bis einschl. 10000 kg Gew.	100	„	„	M	45,—	40,—	40,—	50,—	90,—	53,41	120,18	125,—
29	„	538	über 10000 kg Gewicht	100	„	„	M	27,—	27,—	27,—	30,—	54,—	36,05	72,11	100,—
30	„	538	im Gewichte von mehr als 20000 kg Gewicht	100	„	„	M	M	24,—	24,—	30,—	54,—	32,04	72,11	125,—
31	„	540	Holzsäge- und Holzbearbeitungsmaschinen: im Gewicht über 250 kg bis einschl. 500 kg	100	„	„	M	68,—	M	68,—	85,—	153,—	90,79	204,31	118,70
32	„	541	über 500 bis einschl. 1500 kg Gew.	100	„	„	M	48,—	M	48,—	60,—	108,—	64,08	144,21	125,—
33	„	542	über 1500 kg Gewicht	100	„	„	M	40,—	M	40,—	50,—	90,—	53,42	120,18	125,—
34	„	543	Apparate, Werkzeuge zu vorerwähnten Maschinen zur Holz- u. Metallbearbeitung, die unt. and. Tarifnummern nicht besonders genannt sind	100	„	„	M	72,—	M	72,—	90,—	162,—	96,14	216,30	125,—
35	„	567	Düngerverteiler	100	„	„	M	M	40,—	40,—	50,—	90,—	53,42	120,18	125,—
36	„	570	Dreschmaschinen	100	„	„	M	M	20,—	20,—	25,—	45,—	26,70	60,09	125,—

Spaltengruppen: **Sondertarif** — Zollsatz in Gold-Peseten (Schweiz, Frankreich, England); **Zusammenfassung lt. Vertragsbestimmung u. infolge Meistbegünstigung zahlen die Schweiz, Frankreich u. England Zollsatz in Gold-Peseten**; **zweite Tarifreihe Deutschland** (Grundzahl; plus 80 v. H. Valutaaufschlag); **Aug. 1923, Multiplikator 1,3354 — Endgültiger Zollsatz in Papier-Peseten** (Schweiz/Frankreich/England; Deutschland; Mehrbelastung Deutschlands in %).

Lfd. Nr.	Tarif-Nr.	Gegenstand	Zolleinheit	Sondertarif Schweiz	Sondertarif Frankreich	Sondertarif England	Zusammenfassung (Gold-Peseten)	zweite Tarifreihe Deutschland: Grundzahl	zweite Tarifreihe Deutschland: plus 80 v. H. Valutaaufschlag	Endgültiger Zollsatz (Papier-Peseten): Schweiz/Frankreich/England	Endgültiger Zollsatz (Papier-Peseten): Deutschland	Mehrbelastung Deutschlands in %
37	aus 577	Müllereimaschinen u. deren Ersatzteile	100 kg br.	50,—	50,—	50,—	50,—	85,—	153,—	66,77	204,31	206,—
38	„ 580	Druckereimaschinen u. andere Maschinen, die bei d. Buchdruckerei u. graph. Kunst Verwendung finden: über 1000 kg Gewicht	100 „	M	27,—	M	27,—	30,—	54,—	36,05	72,11	100,—
39	„ 582	Papierherstellungsmaschinen bis 50 000 kg Gewicht, sowie Einzelteile dazu	100 „	42,—	42,—	M	42,—	50,—	90,—	56,08	120,18	123,—
40	„ 585	Maschinen aller Art zur Bewegung von Flüssigkeiten:										
41	„ 586	über 100—500 kg Gewicht	100 „	85,—	85,—	M	85,—	90,—	162,—	113,40	216,33	90,60
42	„ 587	über 500—5000 kg Gewicht	100 „	64,—	64,—	M	64,—	80,—	144,—	85,46	192,20	125,—
43	„ 590	über 5000 kg Gewicht	100 „	28,—	28,—	M	28,—	30,—	54,—	37,38	72,11	93,07
		Maschinen, die nicht besonders aufgeführt sind:										
44	„ 591	bis 50 kg Gewicht	100 „	M	90,—	M	90,—	105,—	189,—	120,18	252,29	110,—
45	„ 592	über 50—500 kg Gewicht	100 „	M	80,—	M	80,—	95,—	171,—	106,73	227,01	110,38
46	„ 593	über 500—1500 kg Gewicht	100 „	78,—	70,—	M	70,—	85,—	153,—	93,47	204,31	118,57
46a	„ 593	über 1500 kg Gewicht	100 „	55,—	50,—	M	50,—	60,—	108,—	66,77	144,21	116,—
47,	aus 590 bis 593	Gefrier- u. Kälteerzeugungsmasch. von mehr als 1500 kg. Maschinen zur Herstellung von Zucker, Marke „Weston“	100 „	40,—	40,—	M	40,—	60,—	108,—	53,41	144,21	170,—
	ad 590	dgl.	100 „	M	M	25,—	25,—	105,—	189,—	33,38	252,29	656,—
	ad 591	dgl.	100 „	M	M	25,—	25,—	95,—	171,—	33,38	217,02	584,—
	ad 592	dgl.	100 „	M	M	25,—	25,—	85,—	153,—	33,38	204,31	512,—
	ad 593	dgl.	100 „	M	M	25,—	25,—	60,—	108,—	33,38	144,21	332,—
48	„ 599	Zahnräder mit geschnittenen oder gefrästen Zähnen aus Eisen oder Stahl:										

Nr.		Tarif-Nr.	Benennung	Menge											
			bis 5 kg Gewicht	100	„	„	M	275,—	M	275,—	300,—	540,—	367,12	721,11	63,63
49	„	600	über 5—10 kg Gewicht	100	„	„	M	190,—	M	190,—	210,—	378,—	253,72	504,77	99,—
50	„	601	über 10—100 kg Gewicht	100	„	„	M	135,—	M	135,—	150,—	270,—	180,27	360,55	100,—
51	„	615	Zubehör zu Maschinen, wie Schmiergefäße, Ventile aller Art, Schieber, Vergaser, Wasserstandsgläser, Manometer, Injektoren, automatische Speiseapparate und ähnliche, soweit nicht besonders aufgeführt	100	„	„	M	M	128,—	128,—	150,—	270,—	170,92	360,55	110,90
52	„	616	Wasser- und Gasmesser, deren Gewicht 50 kg übersteigt	1	„	„	M	1,—	M	1,—	4,—	7,20	1,33	96,14	62,—
53	„	717	Rechenmaschinen (arithmetische u. andere)	1	kg	n.	4,50	M	M	4,50	5,—	9,—	6,01	12,01	100,—
54	„	721	Fahrräder	1	„	„	—	2,—	2,—	2,—	3,—	5,40	2,67	72,10	170,—
55	„	722	Kraftfahrräder, auch mit Seitenwagen, od. besondere Einrichtungen zur Beförderung von Waren	1	„	„	M	2,—	2,—	2,—	3,—	5,40	2,67	72,10	170,—
56	„	723	Zubehör für Fahrräder und Kraftfahrräder	1	„	„	M	2,50	2,50	2,50	2,75	4,95	3,34	6,62	98,—
56a	„	723	Kugeln für Achsenlager und Kugelsätze für Fahrräder, Krafträder u. Lastfahrräder, wenn sie nicht größer sind als die für Krafträder gebräuchlichen	1	„	„	M	1,50	1,50	1,50	2,75	4,95	2,—	6,62	230,—
57	aus	729 und 730	Kraftwagen-Untergestelle (chassis) mit Motor u. vollständige Kraftwagen:												
			a) im Gewichte bis zu 800 kg	1	„	„	M	0,75	0,75	0,75	1,25	2,25	1,—	3,—	200,—
			b) im Gewichte von mehr als 800—1200 kg	1	„	„	M	0,90	0,90	0,90	1,50	2,70	1,20	3,60	200,—
			c) im Gewichte von mehr als 1200—1600 kg	1	„	„	M	1,05	1,05	1,05	1,75	3,15	1,40	4,20	200,—
			d) im Gewichte von mehr als 1600—2000 kg	1	„	„	M	1,20	1,20	1,20	2,—	3,60	1,60	4,80	200,—
			e) im Gewichte von mehr als 2000—2400 kg	1	„	„	M	1,75	1,75	1,75	2,50	4,50	2,27	6,—	157,14
			f) im Gewichte von über 2400 kg	1	„	„	M	2,—	2,—	2,—	3,—	5,40	2,67	7,21	170,—
58	aus	731	Last- u. andere Wagen zur Warenbeförderung, Autoomnibusse, Zisternen- und Tankwagen mit Motorantrieb	1	„	„	M	0,75	0,75	0,75	1,—	1,80	1,—	2,40	140,—

Italien gelang es, durch Hebung seiner Valuta, am Peseten gemessen, sich von dem lästigen Zuschlag zu befreien. Außerdem traf es in seinem Handelsvertrag mit Spanien vom Dezember 1923[1]) die Abrede, selbst bei über 70 % entwerteter Valuta von dieser Belastung ausgeschlossen zu sein. Lediglich die Tschechoslowakei und Deutschland müssen bis in die jüngste Zeit hinein noch diese Bürde tragen. Und zwar mußte Deutschland für lange Zeit 80 %, im Januar 1924 78 % und gegenwärtig wieder rd. 80 % tragen. Das Sinnlose einer derartigen Maßregel, die fast einseitig gegen Deutschland angewandt wird, tritt klar zutage, wenn man bedenkt, daß es schließlich nicht auf den Grad der Entwertung der Währung, sondern nur darauf ankommt, ob sie sich auf einer bestimmten Entwertung hält. Das ist — wenn wir die Rentenmark als innerdeutsches Zahlungsmittel außer acht lassen — bei der Papiermark seit fast einem halben Jahre unbedingt der Fall. Diese Tatsache beweist die ungerechtfertigte Beibehaltung des Valutaentwertungszuschlags, für dessen Aufhebung sich auch in Spanien jetzt eine mächtige Propaganda entwickelt hat.

Die zur Zeit gänzlich ungerechtfertigte Mehrbelastung deutscher Maschinen bei ihrer Einfuhr nach Spanien wird indes noch erhöht durch das spanische System der Zollnachlässe. — Da uns die Skizzierung des spanischen Handelsvertragssystems als Schulbeispiel für die nachteilige Behandlung deutscher Maschinen gegenüber der bevorzugten Zollbehandlung anderer Länder wichtig erscheint, geben wir auf S. 82 bis 85 eine vollständige Gegenüberstellung der Sonder-Zollsätze aus dem schweizerischen, französischen und englischen Handelsvertrag mit Spanien und dem deutschen modus vivendi-Abkommen. Die doppelte Belastung durch Zolldifferenz und 80 %igen Valutaentwertungszuschlag ist aus der Tabelle deutlich wahrnehmbar. Durch Hinzufügen zweier weiterer Rubriken, in denen das Goldzollaufgeld auf die Zollsätze hinzugerechnet wird, haben wir einen Überblick über die effektiven Zölle, die die Wettbewerbsländer einerseits und Deutschland andererseits im August 1923 zu zahlen hatten[2]). Eine letzte Spalte gibt die prozentuale Mehrbelastung Deutschlands gegenüber den Wettbewerbsländern wieder, die — wie man sieht — in den meisten Fällen sehr bedeutend ist. (Vgl. Tabelle über den spanischen Einfuhrzolltarif.)

Fassen wir also das bisher Gesagte über die Benachteiligung deutscher Maschinen bei ihrer Einfuhr nach Spanien zusammen: Deutschlands Maschinen unterliegen der Verzollung nach den im Zolltarif diktierten Sätzen (Minimaltarif), die Maschinen der Wettbewerbsländer haben in den angeführten Positionen einen Vertragstarif. Deutschland wird außerdem jetzt noch (Juli 1924!) mit einem Valutaentwertungszuschlag von 80 % belastet, dem sich Italien vertraglich entzogen hat.

In den letzten Darlegungen haben wir mehrfach auf die Zollmehrbelastungen hingewiesen, die ja auch auf der Tabelle pro 100 kg Brutto-

---

[1]) Vgl. Kap. XIII, S. 59.

[2]) Die Sätze sind durch das erhöhte Goldzollaufgeld wesentlich gestiegen; vgl. Maschinenbeispiele, Stand September 1923, und Maschinenbeispiele, Stand April 1924.

gcwicht der zu verzollenden Maschinen festgelegt sind. Weitere Untersuchungen über die Höhe der Mehrbelastungen für die einzelne Maschine, ausgedrückt in Prozenten ihres Ausfuhrpreises, sollen die bisherigen Angaben zweckmäßig ergänzen. Die folgenden Beispiele, die wir aus dem uns zur Verfügung stehenden reichhaltigen Material errechneten oder wiedergeben[1]), geben über diese Frage Aufschluß. Wir gehen auch hier auf Spanien näher ein und liefern darum für dieses Land 25 Beispiele. Die Preise der Maschinen sind selbstverständlich nur Mittelpreise. Der Stand der Errechnung ist für die erste Beispielserie September 1923, für den jetzt gültigen Stand folgen am Ende des Kapitels die umgerechneten Unterlagen. — Durch Feststellung der Zollbelastung der einzelnen Maschine für Deutschland einerseits und für die vertragsbegünstigten Länder anderseits und weiter durch Subtrahierung der zweiten Zahl von der ersten erhalten wir die Zollmehrbelastung pro 100 kg und daraus die Zollmehrbelastung für die betreffende Maschine. Bringt man nun diese Zollmehrbelastung in Relation zum Ausfuhrpreis, so läßt sich für jede Maschine feststellen, eine wievielprozentige Mehrbelastung des Ausfuhrpreises sie zu tragen hat. Man sieht bei den 25 Beispielen, daß diese Mehrbelastung größtenteils sehr hoch ist. Es wäre reichlich Stoff für eine neue Spezialarbeit, diese Zollmehrbelastungen für die einzelnen Länder erst tabellarisch und dann an Hand von Beispielen in historischer Entwicklung bis ins einzelne nachzuweisen. Im Rahmen unserer Darlegungen beschränken wir uns auf die nachfolgenden Länder Spanien, Italien, Frankreich, die allerdings für eine derartige Untersuchung hauptsächlich in Frage kommen, um die Bedeutung dieser Mehrbelastungen in den einzelnen Zeitabschnitten an Hand verschiedener Untersuchungen eingehender würdigen zu können. (Vgl. die folgenden Kapitel.)

Exporterschwerungen

durch Zollmehrbelastung auf deutsche Erzeugnisse des Maschinenbaues bei der Einfuhr nach Spanien gegenüber englischen, französischen, schweizerischen Erzeugnissen der gleichen Art[2]), errechnet nach dem Stande vom 1. September 1923.

Beispiel 1 zu Tarif-Nr. 495.

Verbrennungsmotoren. Ein stehender 2 PS Benzinmotor.
Gewicht: netto 75 kg, brutto 105 kg.

Ausfuhrpreis	333,80 Peseten
Zollbelastung für deutsches Erzeugnis	264,39 „
„ „ Erzeugnis obengenannter Länder .	117,40 „
Zollmehrbelastung für 100 kg brutto	146,99 Peseten
„ „ 105 kg „	154,34 „
= 46,36 % des Ausfuhrpreises.	

---

[1]) Die Beispiele für Italien (Stand September 1923) wurden der Denkschrift über die italienischen Einfuhrzölle auf Maschinen entnommen. Vgl. a. a. O., Anm. 1 auf S. 58.

[2]) Die Zollmehrbelastungen bestehen jetzt (1924) außerdem noch gegenüber Italien und allen Ländern, die mit den obengenannten oder mit Italien in einem Meistbegünstigungsverhältnis stehen.

Beispiel 2 zu Tarif-Nr. 500.

Ein 150 PS Dieselmotor, zweizylindrig, stehend.

Gewicht: netto 25000 kg, brutto 26000 kg.

Ausfuhrpreis	29 582,15 Peseten
Zollbelastung für deutsches Erzeugnis	36,05 „
„ „ Erzeugnis obengenannter Länder .	20,03 „
Zollmehrbelastung für 100 kg brutto	16,02 Peseten
„ „ 26000 kg „	4165,20 „

= 14,08 % des Ausfuhrpreises.

Beispiel 3 zu Tarif-Nr. 495b.

Ein liegender 10 PS Benzinmotor.

Gewicht: netto 970 kg, brutto 1070 kg.

Ausfuhrpreis	1 335,75 Peseten
Zollbelastung für deutsches Erzeugnis	144,22 „
„ „ Erzeugnis obengenannter Länder .	80,12 „
Zollmehrbelastung für 100 kg brutto	64,10 Peseten
„ „ 1070 kg „	685,87 „

= 51,34 % des Ausfuhrpreises.

Beispiel 4 zu Tarif-Nr. 538.

Eine Zweiständer-Hobelmaschine, 1500 mm Hobelbreite,
1250 mm Hobelhöhe,
4000 mm Hobellänge.

Gewicht: netto 14600 kg, brutto 15400 kg.

Ausfuhrpreis	29 383,07 Peseten
Zollbelastung für deutsches Erzeugnis	72,11 „
„ „ Erzeugnis obengenannter Länder .	36,05 „
Zollmehrbelastung für 100 kg brutto	36,06 Peseten
„ „ 15400 kg „	5553,24 „

= 18,89 % des Ausfuhrpreises.

Beispiel 5 zu Tarif-Nr. 535.

Eine Säulenschnellbohrmaschine mit selbsttätigem Vorschub- und
Rädervorgelege, bis 50 mm Durchmesser bohrend.

Gewicht: netto 850 kg, brutto 910 kg.

Ausfuhrpreis	1714,— Peseten
Zollbelastung für deutsches Erzeugnis	216,33 „
„ „ Erzeugnis obengenannter Länder .	120,18 „
Zollmehrbelastung für 100 kg brutto	96,14 Peseten
„ „ 910 kg „	874,87 „

= 51,04 % des Ausfuhrpreises.

Beispiel 6 zu Tarif-Nr. 536.

Eine Schnelldrehbank mit Leit- und Zugspindel mit Nortonkasten,
250 × 2000 mm.

Gewicht: netto 2450 kg, brutto 2630 kg.

Ausfuhrpreis	7050,90 Peseten
Zollbelastung für deutsches Erzeugnis	168,26 „
„ „ Erzeugnis obengenannter Länder .	93,47 „
Zollmehrbelastung für 100 kg brutto	74,78 Peseten
„ „ 2630 kg „	1966,71 „

= 27,89 % des Ausfuhrpreises.

Beispiel 7 zu Tarif-Nr. 554.

Spinnereimaschinen. Ein Dreikrempelsatz, 750 mm.
Gewicht: netto 18000 kg, brutto 19800 kg.

Ausfuhrpreis . . . . 29153,95 Peseten
Zollbelastung für deutsches Erzeugnis . . . . 156,24 „
„ „ Erzeugnis obengenannter Länder . 86,80 „

Zollmehrbelastung für 100 kg brutto . . . . . 69,44 Peseten
„ „ 19800 kg „ . . . . . 13749,12 „
= 47,15% des Ausfuhrpreises.

Beispiel 8 zu Tarif-Nr. 554.

Webereimaschinen. Ein Webstuhl (nicht automatisch).
Gewicht: netto 1000 kg, brutto 1400 kg.

Ausfuhrpreis . . . . 457,31 Peseten
Zollbelastung für deutsches Erzeugnis . . . . 156,24 „
„ „ Erzeugnis obengenannter Länder . 86,80 „

Zollmehrbelastung für 100 kg brutto . . . . . 69,44 Peseten
„ „ 21400 kg „ . . . . . 972,16 „
= 205,91% des Ausfuhrpreises.

Beispiel 9 zu Tarif-Nr. 584.

Pumpen. Eine freistehende, kurze Saugpumpe, 3″, Hubleistung 0,7 l.
Gewicht: netto 14,5 kg, brutto 20 kg.

Ausfuhrpreis . . . . 15,25 Peseten
Zollbelastung für deutsches Erzeugnis . . . . 240,27 „
„ „ Erzeugnis obengenannter Länder . 133,54 „

Zollmehrbelastung für 100 kg brutto . . . . . . 106,75 Peseten
„ „ 20 kg „ . . . . . . 21,35 „
= 129,56% des Ausfuhrpreises.

Beispiel 10 zu Tarif-Nr. 585.

Eine Horizontal-Duplex-Dampfpumpe für Kesselspeisung, Stundenleistung 160 l.
Gewicht: netto 200 kg, brutto 240 kg.

Ausfuhrpreis . . . . 385,48 Peseten
Zollbelastung für deutsches Erzeugnis . . . . 216,33 „
„ „ Erzeugnis obengenannter Länder . 113,40 „

Zollmehrbelastung für 100 kg brutto . . . . 102,93 Peseten
„ „ 240 kg „ . . . . . . 247,03 „
— 64,08% des Ausfuhrpreises.

Beispiel 11 zu Tarif-Nr. 585.

Eine freistehende Zwillings-Plungerpumpe für Riemenantrieb, Stundenleistung 150 l.
Gewicht: netto 450 kg, brutto 510 kg.

Ausfuhrpreis . . . . 742,35 Peseten
Zollbelastung für deutsches Erzeugnis . . . . 192,20 „
„ „ Erzeugnis obengenannter Länder . 85,46 „

Zollmehrbelastung für 100 kg brutto . . . . 106,74 Peseten
„ „ 510 kg „ . . . . . . 544,37 „
= 73,31% des Ausfuhrpreises.

Beispiel 12 zu Tarif-Nr. 585.

Eine Niederdruck-Kreiselpumpe, 70 mm Rohranschluß, Minutenleistung 600 l auf 18 m.
Gewicht: netto 125 kg, brutto 155 kg.

Ausfuhrpreis . . . . 233,81 Peseten
Zollbelastung für deutsches Erzeugnis . . . . 216,33 „
„ „ Erzeugnis obengenannter Länder . 113,41 „

Zollmehrbelastung für 100 kg brutto . . . . 102,93 Peseten
„ „ 155 kg „ . . . . . . 159,54 „
= 68,23% des Ausfuhrpreises.

Beispiel 13 zu Tarif-Nr. 586.

Eine Mitteldruck-Kreiselpumpe, 200 mm Rohranschluß, Minutenleistung 5000 l bis 45 m.

Gewicht: netto 925 kg, brutto 1125 kg.

Ausfuhrpreis	1082,20 Peseten
Zollbelastung für deutsches Erzeugnis	192,20 „
„ „ Erzeugnis obengenannter Länder .	85,46 „
Zollmehrbelastung für 100 kg brutto	106,74 Peseten
„ „ 1125 kg „	1200,82 „

= 110,96% des Ausfuhrpreises.

Beispiel 14 zu Tarif-Nr. 586.

**Kompressoren mit hin und her gehendem Kolben. Ein Einzylinder-
Stufenkompressor** für Riemenantrieb, Leistung 5 cbm/Min., Saug-
leistung auf 7/8 Atm. Enddruck.

Gewicht: netto 200 kg, brutto 22000 kg.

Ausfuhrpreis	3621,— Peseten
Zollbelastung für deutsches Erzeugnis	192,20 „
„ „ Erzeugnis obengenannter Länder .	85,46 „
Zollmehrbelastung für 100 kg brutto	106,74 Peseten
„ „ 2200 kg „	2348,28 „

= 64,84% des Ausfuhrpreises.

Beispiel 15 zu Tarif-Nr. 586.

Ventilatoren. Ein Ventilator mit Blechgehäuse, Leistung 50870 cbm, die
Stunde bis 415 Touren, gegen 30 mm Wassersäulendruck.

Gewicht: netto 760 kg, brutto 840 kg.

Ausfuhrpreis	1399,75 Peseten
Zollbelastung für deutsches Erzeugnis	192,20 „
„ „ Erzeugnis obengenannter Länder .	85,46 „
Zollmehrbelastung für 100 kg brutto	106,74 Peseten
„ „ 840 kg „	896,61 „

= 64,05% des Ausfuhrpreises.

Beispiel 16 zu Tarif-Nr. 583.

Maschinen für Baumaterial. Ein Naßkollergang für Ziegelmaterial, mit
doppelten Mahlschalen.

Gewicht: netto 20000 kg, brutto 21000 kg.

Ausfuhrpreis	22123,—Peseten
Zollbelastung für deutsches Erzeugnis	28,87 „
„ „ Erzeugnis obengenannter Länder .	16,02 „
Zollmehrbelastung für 100 kg brutto	12,85 Peseten
„ „ 21000 kg „	2698,50 „

= 12,19% des Ausfuhrpreises.

Beispiel 17 zu Tarif-Nr. 593.

Eine horizontale Ziegelpresse.

Gewicht: netto 3500 kg, brutto 3850 kg.

Ausfuhrpreis	5585,41 Peseten
Zollbelastung für deutsches Erzeugnis	144,21 „
„ „ Erzeugnis obengenannter Länder .	66,77 „
Zollmehrbelastung für 100 kg brutto	77,44 Peseten
„ „ 3850 kg „	2981,44 „

= 53,37% des Ausfuhrpreises.

Beispiel 18 zu Tarif-Nr. 593.

Ein Feinwalzwerk zur Tonbereitung, 700×450 mm.

Gewicht: netto 2600 kg, brutto 2900 kg.

Ausfuhrpreis	4477,08 Peseten
Zollbelastung für deutsches Erzeugnis	144,21 „
„ „ Erzeugnis obengenannter Länder .	66,77 „
Zollmehrbelastung für 100 kg brutto	77,44 Peseten
„ „ 2900 kg „	2245,76 „
= 50,16% des Ausfuhrpreises.	

Beispiel 19 zu Tarif-Nr. 505.

Lokomobilen. Eine fahrbare Hochdruck-Lokomobile, einzylindrig, mit Kolbenschieber, Dampfspannung 10 Atm., Leistung 30/35/45 PS.

Gewicht: netto 6050 kg, brutto 6250 kg.

Ausfuhrpreis	8660,40 Peseten
Zollbelastung für deutsches Erzeugnis	197,10 „
„ „ Erzeugnis obengenannter Länder .	80,12 „
Zollmehrbelastung für 100 kg brutto	116,98 Peseten
„ „ 6250 kg „	7311,25 „
= 84,42% des Ausfuhrpreises.	

Beispiel 20 zu Tarif-Nr. 506.

Eine fahrbare Hochdruck-Zwillingslokomobile mit Riedersteuerung, Dampfspannung 8 Atm., Leistung 52/64/75 PS.

Gewicht: netto 11000 kg, brutto 11400 kg.

Ausfuhrpreis	14587,20 Peseten
Zollbelastung für deutsches Erzeugnis	165,85 „
„ „ Erzeugnis obengenannter Länder .	80,12 „
Zollmehrbelastung für 100 kg brutto	85,73 Peseten
„ „ 11400 kg „	9773,22 „
= 66,99% des Ausfuhrpreises.	

Beispiel 21 zu Tarif-Nr. 577.

Müllereimaschinen. Eine Getreide-Aspirations-Reinigungsmaschine, Siebgröße 1000×1200 mm.

Gewicht: netto 900 kg, brutto 990 kg.

Ausfuhrpreis	1839,46 Peseten
Zollbelastung für deutsches Erzeugnis	204,31 „
„ „ Erzeugnis obengenannter Länder .	66,77 „
Zollmehrbelastung für 100 kg brutto	137,54 Peseten
„ „ 990 kg „	1361,64 „
= 74,02% des Ausfuhrpreises.	

Beispiel 22 zu Tarif-Nr. 577.

Eine Getreide-Spitz- und Schälmaschine, 800×1500 mm.

Gewicht: netto 1610 kg, brutto 1760 kg.

Ausfuhrpreis	2049,42 Peseten
Zollbelastung für deutsches Erzeugnis	204,31 „
„ „ Erzeugnis obengenannter Länder .	66,77 „
Zollmehrbelastung für 100 kg brutto	137,54 Peseten
„ „ 1760 kg „	2420,70 „
= 118,11% des Ausfuhrpreises.	

Beispiel 23 zu Tarif-Nr. 577.]

Ein doppelter Walzenstuhl mit zwei Hartgußwalzen, 250×1000 mm.
Gewicht: netto 3320 kg, brutto 3450 kg.

Ausfuhrpreis	5389,31 Peseten
Zollbelastung für deutsches Erzeugnis	204,31　　,,
,,　　　,, Erzeugnis obengenannter Länder .	66,77　　,,

Zollmehrbelastung für 100 kg brutto	137,54 Peseten
,,　　　,, 3450 kg　,, ...	4745,13　　,,

　　　　　= 88,04 % des Ausfuhrpreises.

Beispiel 24 zu Tarif-Nr. 569.

Mäh- und Bindemaschinen. **Eine Getreide-Mähmaschine** normaler
　Ausführung.
Gewicht: netto 450 kg, brutto 475 kg.

Ausfuhrpreis	305,60 Peseten
Zollbelastung für deutsches Erzeugnis	48,07　　,,
,,　　　,, Erzeugnis obengenannter Länder .	26,07　　,,

Zollmehrbelastung für 100 kg brutto	21,37 Peseten
,,　　　,, 475 kg　,, ...	101,50　　',,

　　　　　= 20,07 % des Ausfuhrpreises.

Beispiel 25 zu Tarif-Nr. 530.

Transportvorrichtungen. Ein Elevator mit Becherwerk, Achsenabstand
　17,5 m, Stundenleistung 8 t Kohle.
Gewicht: netto 11000 kg, brutto 11700 kg.

Ausfuhrpreis	13665,79 Peseten
Zollbelastung für deutsches Erzeugnis	120,18　　,,
,,　　　,, Erzeugnis obengenannter Länder .	60,09　　,,

Zollmehrbelastung für 100 kg brutto	60,09 Peseten
,,　　　,, 11700 kg　,, ...	7030,50　　,,

　　　　　= 51,44 % des Ausfuhrpreises.

Italien verdient unserer Ansicht nach deshalb hervorgehoben zu
werden, weil es in der Ausgestaltung seines Handelsvertragssystems
von dem spanischen Typ abweicht und nicht zwei Zolltarifreihen in
seinem Tarif vom 9. Juni 1921 aufweist, sondern nur eine. Zu diesem
festen Zollsatz kommt ein allgemein festliegender Zuschlagskoeffizient.
Durch eine Reihe von Sonderzollabkommen[1]) mit Frankreich, der
Schweiz, Deutsch-Österreich und Spanien werden diesen Ländern sowie allen Staaten, die mit Italien Zollmeistbegünstigungsverträge abgeschlossen haben, Zollnachlässe durch Herabsetzung des Koeffizienten
gewährt. Die folgenden Beispiele erhellen das Gesagte. Die Formel
für die Errechnung des Zolles in Goldlire lautet: Zollsatz $+$ Zollsatz
$\times$ Koeffizient $=$ Goldzoll. Das Goldzollaufgeld bei Zahlung in Papiergeld
bestimmt der Finanzminister wöchentlich. Die Formel für die Errechnung des in Papiergeld zu entrichtenden Zolles für die einzelnen
Maschinen lautet demnach: $G \times (Z + Z \times Zk) \times GZ = PZ$, wobei G das
Gewicht, Z der jeweilige Zollsatz, Zk der Zuschlagskoeffizient, GZ das
Goldzollaufgeld und endlich PZ der in Papier zu entrichtende Zoll ist.
In den Beispielen sind die einzelnen Zahlen in diese Formel eingesetzt.

---

　　[1]) Vgl. Kapitel XIII, S. 59.

Zollmehrbelastungen
deutscher Maschinen bei ihrer Einfuhr nach Italien gegenüber Maschinen der gleichen Art aus anderen Ländern.
Stand September 1923.

Beispiel 1 zu Tarif-Nr. 396.

Dampfmaschinen. Eine liegende 50 PS Dampfmaschine ohne Kondensation mit Kolbenschiebesteuerung, Achsregler und Riemenschwungrad, 300 mm×450 mm Hub, 150 Touren, 8 Atm.

Gewicht: netto 5000 kg, brutto 5500 kg.

Ausfuhrpreis . . . . 22850 Lire

Zollbelastung für deutsches Erzeugnis

$$55 \times (17 + 13{,}6) \times 4{,}49 = \quad 7557 \,\text{,,}$$

,,   ,, Erzeugnisse anderer Länder

$$55 \times (17 + 3{,}4) \times 4{,}49 = \quad 5038 \,\text{,,}$$

Zollmehrbelastung . . . . 2519 Lire

$$= 11\% \text{ des Ausfuhrpreises.}$$

Beispiel 2 zu Tarif-Nr. 396.

Verbrennungsmotoren. Ein liegender 10 PS Benzinmotor.

Gewicht: netto 970 kg, brutto 1070 kg.

Ausfuhrpreis . . . . 5780 Lire

Zollbelastung für deutsches Erzeugnis

$$97 \times (60 + 48) \times 4{,}49 = \quad 4703 \,\text{,,}$$

,,   ,, Erzeugnisse anderer Länder

$$97 \times (60 + 18) \times 4{,}49 = \quad 3397 \,\text{,,}$$

Zollmehrbelastung . . . . 1306 Lire

$$= 22{,}5\% \text{ des Ausfuhrpreises.}$$

Beispiel 3 zu Tarif-Nr. 403.

Werkzeugmaschinen. Eine Schnelldrehbank mit Leit- und Zugspindel, mit Nortonkasten, 250×2000 mm.

Gewicht: netto 2450 kg, brutto 2650 kg.

Ausfuhrpreis . . . . 17568 Lire

Zollbelastung für deutsches Erzeugnis

$$26{,}5 \times (24 + 24) \times 4{,}49 = \quad 5711 \,\text{,,}$$

,,   ,, Erzeugnis anderer Länder

$$26{,}5 \times (24 + 14{,}4) \times 4{,}49 = \quad 4569 \,\text{,,}$$

Zollmehrbelastung . . . . 1142 Lire

$$= 15{,}4\% \text{ des Ausfuhrpreises.}$$

Beispiel 4 zu Tarif-Nr. 407c.

Mäh- und Bindemaschinen. Eine Getreide-Mähmaschine normaler Ausführung.

Gewicht: netto 450 kg, brutto 475 kg.

Ausfuhrpreis . . . . 1600 Lire

Zollbelastung für deutsches Erzeugnis

$$4{,}75 \times (18 + 3{,}6) \times 4{,}49 = \quad 461 \,\text{,,}$$

,,   ,, Erzeugnis anderer Länder

$$4{,}75 \times (10 + 0) \times 4{,}49 = \quad 213 \,\text{,,}$$

Zollmehrbelastung . . . . 248 Lire

$$= 15{,}5\% \text{ des Ausfuhrpreises.}$$

Beispiel 5 zu Tarif-Nr. 408.

Müllereimaschinen. Eine Getreide-Spitz- und Schälmaschine, 800 ×1500 mm.

Gewicht: netto 1610 kg, brutto 1760 kg.

```
Ausfuhrpreis . . . . . . . . . . . . . . . . . . . . . . . . . .      6804 Lire
Zollbelastung für deutsches Erzeugnis
                     17,6 × (18 + 18) × 4,49  =      2845  „
      „        „  Erzeugnis anderer Länder  . . . . .      2134  „
                     17,6 × (18 + 9) × 4,49  =      2134  „
```

Zollmehrbelastung . . . .   711 Lire
$$= 10{,}5 \,{}^{0}/_{0} \text{ des Ausfuhrpreises.}$$

Beispiel 6 zu Tarif-Nr. 409.

Maschinen zur Erzeugung von Papier und Pappe. Eine Papiermaschine, 2100 mm Arbeitsbreite.

Gewicht: netto 130000 kg, brutto 136500 kg.

```
Ausfuhrpreis . . . . . . . . . . . . . . . . . . . . . . .   648000 Lire
Zollbelastung für deutsches Erzeugnis
                     1365 × (15 + 15) × 4,49  =   183865  „
      „        „  Erzeugnis anderer Länder
                     1365 × (15 + 0) × 4,49  =    91933  „
```

Zollmehrbelastung . . . .   91932 Lire
$$= 14\% \text{ des Ausfuhrpreises.}$$

Beispiel 7 zu Tarif-Nr. 414.

Spinnereimaschinen. Ein Dreikrempelsatz, 750 mm.

Gewicht: netto 18000 kg, brutto 19800 kg.

```
Ausfuhrpreis . . . . . . . . . . . . . . . . . . . . . . .   [90000 Lire
Zollbelastung für deutsches Erzeugnis¹)
                     198 × (14 + 14) × 4,49  =    24893  „
      „        „  für Erzeugnis anderer Länder
                     198 × (15 + 0) × 4,49  =    13335  „
```

Zollmehrbelastung . . . .   11558 Lire
$$= 12{,}8\% \text{ des Ausfuhrpreises.}$$

Beispiel 8 zu Tarif-Nr. 418.

Maschinen für Baumaterial. Ein Universal-Tonabschneider für Ziegeleien

Gewicht: netto 180 kg, brutto 210 kg.

```
Ausfuhrpreis . . . . . . . . . . . . . . . . . . . . . . .     2025 Lire
Zollbelastung für deutsches Erzeugnis
                     2,1 × (22 + 15,4) × 4,49  =      333  „
      „        „  Erzeugnis anderer Länder
                     2,1 × (18 + 0) × 4,49  =      170  „
```

Zollmehrbelastung . . . .   183 Lire
$$= 9\% \text{ des Ausfuhrpreises.}$$

Beispiel 9 zu Tarif-Nr. 434.

Transportvorrichtungen. Ein Elevator mit Brecherwerk, Achsenabstand 17,5 m, Stundenleistung 8 t Kohle.

Gewicht: netto 11000 kg, brutto 11700 kg.

```
Ausfuhrpreis . . . . . . . . . . . . . . . . . . . . . . .    43250 Lire
Zollbelastung für deutsches Erzeugnis
                     117 × (20 + 14) × 4,49  =    17861  „
      „        „  Erzeugnis anderer Länder
                     117 × (20 + 0) × 4,49  =    10506  „
```

Zollmehrbelastung . . . .   7335 Lire
$$= 17\% \text{ des Ausfuhrpreises.}$$

---

¹) Wenn Tarif-Nr. 414b in Anwendung kommt.

Beispiel 10 zu Tarif-Nr. 446.

Krane (Hebezeuge). Ein normaler fahrbarer Dampfdrehkran, Tragfähigkeit 2 t, 9 m Ausladung und 6 t bei 4,50 m Ausladung.
Gewicht: netto 20000 kg, brutto 20600 kg.

Ausfuhrpreis . . . . 60000 Lire
Zollbelastung für deutsches Erzeugnis
$$206 \times (20+16) \times 4{,}49 = \quad 33372 \text{ „}$$
„ „ Erzeugnis anderer Länder
$$206 \times (20+8) \times 4{,}49 = \quad 25898 \text{ „}$$

Zollmehrbelastung . . . . 7474 Lire
$$= 12{,}5\% \text{ des Ausfuhrpreises.}$$

Diesen zehn Beispielen der Zollmehrbelastung deutscher Maschinen bei ihrer Einfuhr nach Italien gegenüber den Wettbewerbsländern mögen noch vier Beispiele der Mehrbelastung deutscher Maschinen bei ihrer Einfuhr nach Frankreich — in derselben Zeitspanne — folgen. Über die Ausgestaltung des französischen Zolltarifs sowie seine Handhabung und das System, Zollnachlässe zu gewähren, haben wir bereits an anderer Stelle ausführlich berichtet, so daß sich hier eine Erläuterung erübrigt. (Vgl. Kap. III, Frankreich, S. 15/16.)

Beispiel 1 zu Tarif Nr. 510[1]).

Ein liegender 10 PS Petroleummotor.
Gewicht: netto 970 kg, brutto 1070 kg.

Ausfuhrpreis . . . . 4393,— Fr.
Zollbelastung für deutsches Erzeugnis $9{,}7 \times 72 \times 3{,}1 =$ 2165,04 „
„ „ Erzeugnis anderer Länder
$$9{,}7 \times (72-32{,}4) \times 3{,}1 = \quad 1190{,}77 \text{ „}$$

Zollmehrbelastung . . . . 974,27 Fr.
$$= 22\% \text{ des Ausfuhrpreises.}$$

Beispiel 2 zu Tarif-Nr. 518.

Ein Webstuhl, nicht automatisch.
Gewicht: netto 1000 kg, brutto 1400 kg.

Ausfuhrpreis . . . . 2280,— Fr.
Zollbelastung für deutsches Erzeugnis $14 \times 32{,}5 =$ . . 2240,— „
„ „ Erzeugnisse anderer Länder
$$14 \times 32 - 6 \times 5 = \quad \text{. .} \quad 1020{,}— \text{ „}$$

Zollmehrbelastung . . . . 420,— Fr.
$$= 18{,}4\% \text{ des Ausfuhrpreises.}$$

Beispiel 3 zu Tarif-Nr. 525b.

Eine Getreide-Spitz- und Schälmaschine, 800×1500 mm.
Gewicht: netto 1610 kg, brutto 1760 kg.

Ausfuhrpreis . . . . 5171,— Fr.
Zollbelastung für deutsches Erzeugnis $17{,}6 \times 40 \times 3{,}2 =$ 2252,80 „
„ „ Erzeugnis anderer Länder
$$17{,}6 \times 10 \times 3{,}2 = \quad 563{,}20 \text{ „}$$

Zollmehrbelastung . . . . 1689,60 Fr.
$$= 33\% \text{ des Ausfuhrpreises.}$$

---

[1]) Französischer Einfuhrzolltarif.

Beispiel 4 zu Tarif-Nr. 525.
Eine Schnelldrehbank mit Leit- und Zugspindel, mit Nortonkasten,
    250 × 2000 mm.
Gewicht: netto 2450 kg, brutto 2650 kg.
Ausfuhrpreis . . . . 13 352,— Fr.
Zollbelastung für deutsches Erzeugnis 24,5 × 64 × 3,3 = 5 174,40 „
    „   „ Erzeugnis anderer Länder
                            24,5 × 64 — 24 × 3,3 = 3 234,—   „
Zollmehrbelastung . . . . 1 940,40 Fr.
        = 15,5 % des Ausfuhrpreises.

Die soeben wiedergegebenen Beispiele basieren auf einem Errechnungsstand vom September 1923, das heißt sie gelten für einen
Zeitpunkt, in dem Löhne und Rohmaterialpreise in Deutschland ganz
bedeutend, teilweise sogar über das Weltmarktpreisniveau gestiegen
waren. Sie geben die Unterlagen für die Untersuchungen im nächsten
Kapitel, während desselben Zeitabschnittes. — Von erheblichem Interesse aber scheinen uns auch Beispiele zu sein, die auf jüngeren Daten
(April 1924) basieren. Daher geben wir im folgenden für die drei bereits bearbeiteten Länder je zehn Beispiele für den jüngsten Stand. —
Eine Gesamtübersicht über die Zollkosten zwölf verschiedener Maschinen bei ihrer Einfuhr in zehn Hauptabsatzländer (Nordamerika,
Schweiz, Schweden, Dänemark, Norwegen, Spanien, Frankreich, Belgien,
Italien, Tschechoslowakei) möge das Kapitel beschließen. (S. S. 102.)

Errechnungsstand April 1924.
**Zollmehrbelastung deutscher Maschinen gegenüber gleich-
artigen Erzeugnissen anderer Länder.**

a) bei der Ausfuhr nach Spanien[1]).

Beispiel 1 zu Tarif-Nr. 495.
Ein liegender 10 PS Benzinmotor.
Gewicht: netto 970 kg, brutto 1070 kg.
Ausfuhrpreis . . . .   1500,— Gm.
Zollbelastung[2]) für deutsches Erzeugnis   71,83   „
    „   „ Erzeugnis anderer Länder . . .   52,—   „
Zollmehrbelastung für 100 kg brutto . . . .   19,83 Gm.
    „   „ 1070 kg „   212,18   „
        = 14 % des Ausfuhrpreises.

Beispiel 2 zu Tarif-Nr. 536.
Eine Schnelldrehbank mit Leit- und Zugspindel, mit Nortonkasten,
    250 × 2000 mm.
Gewicht: netto 2450 kg, brutto 2650 kg.
Ausfuhrpreis . . . .   2430,— Gm.
Zollbelastung für deutsches Erzeugnis   108,72   „
    „   „ Erzeugnis anderer Länder   60,74   „
Zollmehrbelastung für 100 kg brutto . . . .   47,98 Gm.
    „   „ 2650 kg „   1271,47   „
        = 52 % des Ausfuhrpreises.

[1]) Die spanischen Einfuhrzölle wurden in Goldmark umgerechnet.
Umrechnungskurs: New York Wechsel auf Madrid vom 29. März 1924:
100 spanische Peseten = 13,66 Dollar = 57,33 Goldmark. Die tarifmäßigen Zölle wurden um das Goldzollaufgeld — März 1924 — 51,34 %
erhöht. Die Zölle für deutsche Erzeugnisse wurden außerdem noch um
den Valutaentwertungszuschlag von 79 % (März 1924) erhöht.
    [2]) Zoll für je 100 kg.

Beispiel 3 zu Tarif-Nr. 535.
Eine Säulenschnellbohrmaschine mit selbsttätigem Vorschub- und Rädervorgelege, bis 50 mm Durchmesser bohrend.
Gewicht: netto 850 kg, brutto 910 kg.

Ausfuhrpreis	745,—	Gm.
Zollbelastung für deutsches Erzeugnis	134,04	„
„ „ Erzeugnis anderer Länder	78,10	„
Zollmehrbelastung für 100 kg brutto	55,94	Gm.
„ „ 910 kg „	509,05	„
= 68% des Ausfuhrpreises.		

Beispiel 4 zu Tarif-Nr. 577.
Eine Getreide-Spitz- und Schälmaschine, 800 × 1500 mm.
Gewicht: netto 1610 kg, brutto 1760 kg

Ausfuhrpreis	1575,—	Gm.
Zollbelastung für deutsches Erzeugnis	132,50	„
„ „ Erzeugnis anderer Länder	43,38	„
Zollmehrbelastung für 100 kg brutto	89,12	Gm.
„ „ 1760 kg „	1568,51	„
= 100% des Ausfuhrpreises.		

Beispiel 5 zu Tarif-Nr. 577.
Eine Zentrifugal-Sichtmaschine, 800 × 2500 mm.
Gewicht: netto 1190 kg, brutto 1290 kg.

Ausfuhrpreis	1115,—	Gm.
Zollbelastung für deutsches Erzeugnis	132,50	„
„ „ Erzeugnis anderer Länder	43,38	„
Zollmehrbelastung für 100 kg brutto	89,12	Gm.
„ „ 1290 kg „	1149,65	„
= 103% des Ausfuhrpreises.		

Beispiel 6 zu Tarif-Nr. 506.
Eine fahrbare Hochdruck-Zwillingslokomotive mit Riedersteuerung, Dampfspannung 8 Atm., Leistung 52/64/75 PS.
Gewicht: netto 11000 kg, brutto 11600 kg.

Ausfuhrpreis	12300,—	Gm.
Zollbelastung für deutsches Erzeugnis	102,47	„
„ „ Erzeugnis anderer Länder	52,06	„
Zollmehrbelastung für 100 kg brutto	50,51	Gm.
„ „ 11600 kg „	5859,16	„
= 47,6% des Ausfuhrpreises.		

Beispiel 7 zu Tarif-Nr. 530.
Ein normaler fahrbarer Dampfdrehkran, Tragfähigkeit 2 t bei 9 m Ausdehnung und 6 t bei 4,5 m Ausdehnung.
Gewicht: netto 20000 kg, brutto 20600 kg.

Ausfuhrpreis	10800,—	Gm.
Zollbelastung für deutsches Erzeugnis	77,65	„
„ „ Erzeugnis anderer Länder	43,38	„
Zollmehrbelastung für 100 kg brutto	34,27	Gm.
„ „ 20600 kg „	7059,62	„
= 65,4% des Ausfuhrpreises.		

Beispiel 8 zu Tarif-Nr. 593.
Eine horizontale Ziegelpresse.
Gewicht: netto 3500 kg, brutto 3850 kg.

Ausfuhrpreis	3100,—	Gm.
Zollbelastung für deutsches Erzeugnis	93,28	„
„ „ Erzeugnis anderer Länder	43,38	„
Zollmehrbelastung für 100 kg brutto	49,90	Gm.
„ „ 3850 kg „	1921,15	„
= 55% des Ausfuhrpreises.		

Beispiel 9 zu Tarif-Nr. 582.

Ein Kalander.

Gewicht: netto 6660 kg, brutto 7200 kg.

Ausfuhrpreis	8300,—	Gm.
Zollbelastung für deutsches Erzeugnis	77,65	„
„ „ Erzeugnis anderer Länder	36,54	„
Zollmehrbelastung für 100 kg brutto	41,11	Gm.
„ „ 7200 kg „	2259,92	„

= 35,7% des Ausfuhrpreises.

Beispiel 10 zu Tarif-Nr. 577.

Ein doppelter Walzenstuhl, 600 × 300 mm.

Gewicht: netto 3075 kg, brutto 3200 kg.

Ausfuhrpreis	3185,—	Gm.
Zollbelastung für deutsches Erzeugnis	132,50	„
„ „ Erzeugnis anderer Länder	43,38	„
Zollmehrbelastung für 100 kg brutto	89,12	Gm.
„ „ 3200 kg „	2851,84	„

= 89% des Ausfuhrpreises.

b) Bei ihrer Ausfuhr nach Italien[1]).

Beispiel 1 zu Tarif-Nr. 396a II 8.

Ein liegender 10 PS Benzinmotor.

Gewicht: netto 970 kg, brutto 1070 kg.

Ausfuhrpreis	1500,—	Gm.
Zollbelastung für deutsches Erzeugnis	89,39	„
„ „ Erzeugnis anderer Länder	64,56	„
Zollmehrbelastung für 100 kg brutto	24,83	Gm.
„ „ 1070 kg „	240,85	„

= 16,5% des Ausfuhrpreises.

Beispiel 2 zu Tarif-Nr. 403a 3.

Eine Schnelldrehbank mit Leit- und Zugspindel, mit Nortonkasten, 250 × 2000 mm.

Gewicht: netto 2450 kg, brutto 2650 kg.

Ausfuhrpreis	2430,—	Gm.
Zollbelastung für deutsches Erzeugnis	39,73	„
„ „ Erzeugnis anderer Länder	31,78	„
Zollmehrbelastung für 100 kg brutto	7,95	Gm.
„ „ 2650 kg „	210,68	„

= 8,7% des Ausfuhrpreises.

Beispiel 3 zu Tarif-Nr. 403a 4.

Eine Säulenschnellbohrmaschine mit selbsttätigem Vorschub- und Rädervorgelege, bis 50 mm Durchmesser bohrend.

Gewicht: netto 850 kg, brutto 910 kg.

Ausfuhrpreis	745,—	Gm.
Zollbelastung für deutsches Erzeugnis	52,97	„
„ „ Erzeugnis anderer Länder	42,38	„
Zollmehrbelastung für 100 kg brutto	10,59	Gm.
„ „ 910 kg „	90,02	„

= 12% des Ausfuhrpreises.

---

[1]) Die italienischen Einfuhrzölle wurden in Goldmark umgerechnet. Umrechnungskurs: New York Wechsel auf Italien vom 29. März 1924: 100 italienische Lire = 4,34 Dollar = 18,23 Goldmark. Die tarifmäßigen Zölle wurden um das Goldzollaufgeld von 354% erhöht.

Beispiel 4 zu Tarif-Nr. 408.
Eine Getreide-Spitz- und Schälmaschine, 800×1500 mm.
Gewicht: netto 1610 kg, brutto 1760 kg.

Ausfuhrpreis	1575,—	Gm.
Zollbelastung für deutsches Erzeugnis	29,80	,,
,, ,, Erzeugnis anderer Länder	22,35	,,
Zollmehrbelastung für 100 kg brutto	7,45	Gm.
,, ,, 1760 kg ,, ...	131,12	,,

= 8,3% des Ausfuhrpreises.

Beispiel 5 zu Tarif-Nr. 408.
Eine Zentrifugal-Sichtmaschine, 800×2500 mm.
Gewicht: netto 1190 kg, brutto 1290 kg.

Ausfuhrpreis	1115,—	Gm.
Zollbelastung für deutsches Erzeugnis	29,80	,,
,, ,, Erzeugnis anderer Länder	22,35	,,
Zollmehrbelastung für 100 kg brutto	7,45	Gm.
,, ,, 1290 kg ,, ...	96,10	,,

= 8,5% des Ausfuhrpreises.

Beispiel 6 zu Tarif-Nr. 397a.
Eine fahrbare Hochdruck-Zwillingslokomobile mit Riedersteuerung, Dampfspannung 8 Atm., Leistung 52/64/75 PS.
Gewicht: netto 11000 kg, brutto 11600 kg.

Ausfuhrpreis	10100,—	Gm.
Zollbelastung für deutsches Erzeugnis	33,11	,,
,, ,, Erzeugnis anderer Länder	29,97	,,
Zollmehrbelastung für 100 kg brutto	3,14	Gm.
,, ,, 11600 kg ,, ...	364,24	,,

= 4% des Ausfuhrwertes.

Beispiel 7 zu Tarif-Nr. 446a.
Ein normaler fahrbarer Dampfdrehkran, Tragfähigkeit 2 t bei 9 m Ausdehnung und 6 t bei 4,5 m Ausdehnung.
Gewicht: netto 20000 kg, brutto 20600 kg.

Ausfuhrpreis	8700,—	Gm.
Zollbelastung für deutsches Erzeugnis	29,80	,,
,, ,, Erzeugnis anderer Länder.	23,17	,,
Zollmehrbelastung für 100 kg brutto	6,63	Gm.
,, ,, 20600 kg ,, ...	1347,78	,,

= 15,5% des Ausfuhrpreises.

Beispiel 8 zu Tarif-Nr. 418b.
Eine horizontale Ziegelpresse.
Gewicht: netto 3500 kg, brutto 3850 kg.

Ausfuhrpreis	3100,—	Gm.
Zollbelastung für deutsches Erzeugnis	21,10	,,
,, ,, Erzeugnis anderer Länder	14,90	,,
Zollmehrbelastung für 100 kg brutto	6,20	Gm.
,, ,, 3850 kg ,, ...	238,70	,,

= 77% des Ausfuhrpreises.

Beispiel 9 zu Tarif-Nr. 408.
Ein doppelter Walzenstuhl, 4 Walzen, 600×300 mm.
Gewicht: netto 3075 kg, brutto 3200 kg.

Ausfuhrpreis	3185,—	Gm.
Zollbelastung für deutsches Erzeugnis	29,80	,,
,, ,, Erzeugnis anderer Länder	22,35	,,
Zollmehrbelastung für 100 kg brutto	7,45	Gm.
,, ,, 3200 kg ,, ...	238,40	,,

= 7,5% des Ausfuhrpreises.

7*

Beispiel 10 zu Tarif-Nr. 418b.

Ein Feinwalzwerk zur Tonbearbeitung, 700×450 mm.
Gewicht: netto 2600 kg, brutto 2900 kg.

Ausfuhrpreis	2366,—	Gm.
Zollbelastung für deutsches Erzeugnis	21,10	,,
,, ,, Erzeugnis anderer Länder	14,90	,,
Zollmehrbelastung für 100 kg brutto	6,20	Gm.
,, ,, 2900 kg ,, ...	179,80	,,

= 7,5% des Ausfuhrpreises.

c) Bei der Ausfuhr nach Frankreich[1]).

Beispiel 1 zu Tarif-Nr. 510.

Ein liegender 10 PS Benzinmotor.
Gewicht: netto 970 kg, brutto 1070 kg.

Ausfuhrpreis	1500,—	Gm.
Zollbelastung für deutsches Erzeugnis	51,18	,,
,, ,, Erzeugnis anderer Länder	4,13	,,
Zollmehrbelastung für 100 kg netto	47,05	Gm.
,, ,, 970 kg ,, ...	456,39	,,

= 30,4% des Ausfuhrpreises.

Beispiel 2 zu Tarif-Nr. 525.

Eine Schnelldrehbank mit Leit- und Zugspindel, mit Nortonkasten, 250×2000 mm.
Gewicht: netto 2450 kg, brutto 2650 kg.

Ausfuhrpreis	2430,—	Gm.
Zollbelastung für deutsches Erzeugnis	48,52	,,
,, ,, Erzeugnis anderer Länder	31,08	,,
Zollmehrbelastung für 100 kg netto	17,44	Gm.
,, ,, 2450 kg ,, ...	427,28	,,

= 17,6% des Ausfuhrpreises.

Beispiel 3 zu Tarif-Nr. 525.

Ein Säulenschnellbohrmaschine mit selbsttätigem Vorschub und Rädervorgelege, bis 50 mm Durchmesser bohrend.
Gewicht: netto 850 kg, brutto 910 kg.

Ausfuhrpreis	745,—	Gm.
Zollbelastung für deutsches Erzeugnis	72,62	,,
,, ,, Erzeugnis anderer Länder	43,83	,,
Zollmehrbelastung für 100 kg netto	28,79	Gm.
,, ,, 850 kg ,, ...	244,72	,,

= 32,8% des Ausfuhrpreises.

Beispiel 4 zu Tarif-Nr. 525 bis.

Eine Getreide-Spitz- und Schälmaschine, 800×1500 mm.
Gewicht: netto 1610 kg, brutto 1760 kg.

Ausfuhrpreis	1575,—	Gm.
Zollbelastung für deutsches Erzeugnis	36,78	,,
,, ,, Erzeugnis anderer Länder	9,15	,,
Zollmehrbelastung für 100 kg brutto	27,59	Gm.
,, ,, 1760 kg ,, ...	485,58	,,

= 30,6% des Ausfuhrpreises.

---

[1]) Die französischen Zölle wurden in Goldmark umgerechnet. Umrechnungskurs: New York Wechsel auf Paris vom 29. März 1924: 100 französische Franken = 5,47 Dollar = 22,074 Goldmark.

Beispiel 5 zu Tarif-Nr. 525 bis.
Eine Zentrifugal-Sichtmaschine, 800 × 2500 mm.
Gewicht: netto 1190 kg, brutto 1280 kg.

Ausfuhrpreis	1115,—	Gm.
Zollbelastung für deutsches Erzeugnis	36,78	„
„ „ Erzeugnis anderer Länder	9,19	„
Zollmehrbelastung für 100 kg brutto	27,59	Gm.
„ „ 1280 kg „	355,91	„

= 32 % des Ausfuhrpreises.

Beispiel 6 zu Tarif-Nr. 511.
Eine fahrbare Hochdruck-Zwillingslokomobile mit Riedersteuerung,
Dampfspannung 8 Atm., Leistung 52/64/75 PS.
Gewicht: netto 11 000 kg, brutto 11 600 kg.

Ausfuhrpreis	12 300,—	Gm.
Zollbelastung für deutsches Erzeugnis	43,74	„
„ „ Erzeugnis anderer Länder	10,94	„
Zollmehrbelastung für 100 kg brutto	32,80	Gm.
„ „ 11 600 kg „	3 804,80	„

= 30,9 % des Ausfuhrpreises.

Beispiel 7 zu Tarif-Nr. 525 bis.
Ein normaler fahrbarer Dampfdrehkran, Tragfähigkeit 2 t bei 9 m Aus-
dehnung und 6 t bei 4,5 m Ausdehnung.
Gewicht: netto 20 000 kg, brutto 20 600 kg.

Ausfuhrpreis	10 800,—	Gm.
Zollbelastung für deutsches Erzeugnis	27,75	„
„ „ Erzeugnis anderer Länder	18,29	„
Zollmehrbelastung für 100 kg brutto	9,46	Gm.
„ „ 20 600 kg „	1 948,76	„

= 18,4 % des Ausfuhrpreises.

Beispiel 8 zu Tarif-Nr. 525 bis.
Eine horizontale Ziegelpresse.
Gewicht: netto 3500 kg, brutto 3850 kg.

Ausfuhrpreis	3100,—	Gm.
Zollbelastung für deutsches Erzeugnis	27,75	„
„ „ Erzeugnis anderer Länder	18,29	„
Zollmehrbelastung für 100 kg brutto	9,46	Gm.
„ „ 3850 kg „	364,21	„

= 10,4 % des Ausfuhrpreises.

Beispiel 9 zu Tarif-Nr. 525 bis.
Ein doppelter Walzenstuhl, 4 Walzen, 600 × 300 mm.
Gewicht: netto 3075 kg, brutto 3200 kg.

Ausfuhrpreis	3185,—	Gm.
Zollbelastung für deutsches Erzeugnis	36,76	„
„ „ Erzeugnis anderer Länder	9,19	„
Zollmehrbelastung für 100 kg brutto	27,57	Gm.
„ „ 3200 kg „	882,24	„

= 27,6 % des Ausfuhrpreises.

Beispiel 10 zu Tarif-Nr. 525 bis.
Ein Feinwalzwerk zur Tonbearbeitung, 700 × 450 mm.
Gewicht: netto 2600 kg, brutto 2900 kg.

Ausfuhrpreis	2366,—	Gm.
Zollbelastung für deutsches Erzeugnis	27,75	„
„ „ Erzeugnis anderer Länder	24,89	„
Zollmehrbelastung für 100 kg brutto	2,68	Gm.
„ „ 2900 kg „	77,72	„

= 3,20 % des Ausfuhrpreises.

Zollkostentabelle für je 100 kg netto in Goldmark[1]
a) in der Vorkriegszeit (1913); b) im Frühjahr 1924:

Bezeichnung der Maschine	Nettogew. kg	Nord-amerika		Schweiz	Schweden	Däne-mark	Nor-wegen	Spanien	Frank-reich	Belgien	Italien	Tschecho-slowakei
Benzinmotor, 10 PS . . .	970	a)	55,60	7,10	12,40	6,20	15,40	18,50	14,60	1,60	10,70	27,20
		b)	61,—	15,10	22,20	7,70	23,—	79,20	51,20	45,40	89,40	100,45
Schnelldrehbank	2450	a)	20,80	6,10	7,—	3,50	9,90	17,50	13,—	1,60	7,90	17,50
		b)	29,60	15,80	11,10	5,—	14,85	117,50	48,50	34,60	43,—	75,40
Säulenschnellbohrmaschine .	850	a)	21,20	6,90	7,—	3,20	8,75	17,50	19,45	1,60	7,80	23,80
		b)	26,30	15,60	17,80	4,40	13,—	143,30	72,60	45,40	53,—	75,40
Getreidespitzmaschine . . .	1610	a)	38,15	7,—	8,70	4,35	9,60	15,80	8,10	1,60	5,25	17,—
		b)	29,30	16,—	6,70	4,80	14,—	144,85	40,20	27,70	32,30	54,25
Zentrifugal-Sichtmaschine .	1190	a)	37,80	7,—	8,40	4,20	9,40	19,30	8,10	1,60	5,30	17,—
		b)	23,40	15,80	6,70	4,70	14,—	143,60	39,85	27,70	32,30	54,25
Fahrbare Lokomobile . . .	11000	a)	25,60	5,15	8,50	4,25	11,20	30,10	11,35	3,25	10,25	17,85
		b)	16,80	11,55	11,20	5,60	17,—	108,—	46,15	32,25	38,85	60,00
Fahrbarer Dampfdrehkran .	20000	a)	18,60	5,—	4,35	2,20	5,40	16,70	8,10	3,25	8,35	18,70
		b)	16,20	11,30	5,40	2,70	8,—	80,—	28,60	19,45	30,70	69,10
Ziegelpresse	3500	a)	29,60	6,25	6,55	3,30	8,85	19,60	8,10	1,60	8,90	17,80
		b)	26,55	16,05	8,90	4,40	13,—	102,45	30,55	20,55	26,85	75,35
Kalander.	6660	a)	46,60	3,10	4,35	2,20	12,45	19,40	7,—	1,60	5,25	16,70
		b)	37,40	15,80	9,45	6,25	—,—	83,95	19,45	20,55	26,85	75,35
Selfaktor (Streichgarn) . .	4900	a)	34,90	3,90	7,75	3,90	10,80	19,50	8,80	3,25	5,85	14,35
		b)	37,85	13,20	10,80	5,40	—,—	121,50	29,60	18,75	14,95	5,65
Dopp. Walzenstuhl	3075	a)	39,15	5,85	8,80	4,35	10,35	18,55	8,10	1,60	5,05	16,80
		b)	31,10	15,20	11,35	5,20	—,—	137,90	38,25	27,65	31,—	54,25
Feinwalzwerk	2600	a)	37,20	6,30	8,25	4,20	9,10	19,90	8,10	1,60	9,05	18,—
		b)	22,75	16,30	9,50	4,55	13,65	104,03	31,—	20,55	23,55	75,30

[1]) Umrechnungskurse: 1 Dollar = 4,20 Goldmark, New Yorker Wechsel vom 29. März 1924 auf

Schweiz. . . 100 Schw. Fr. = 17,38 Dollar = 73,— Gm.   Frankreich . 100 Franz. Fr. = 4,47 Dollar = 22,974 Gm.
Schweden . . 100 Schw. Kr. = 26,52 ,, = 110,96 ,,   Belgien . . . 100 Belg. Fr. = 4,29 ,, = 18,02 ,,
Dänemark . 100 Dän. Kr. = 16,02 ,, = 67,28 ,,   Italien**) . . 100 Ital. Lire = 4,34 ,, = 18,23 ,,
Norwegen . . 100 Norw. Kr. = 13,55 ,, = 56,91 ,,   Tschechei . . 100 Tsch. Kr. = 2,99 ,, = 12,56 ,,
Spanien *). . 100 Span. Pes. = 13,65 ,, = 57,33 ,,

*) Goldzollaufgeld März 1924   51,34% + Valutaentwertungszuschlag 79%.
**)   ,,   ,,   1924 354,—%. Die Zuschläge sind in den Zöllen mit einbegriffen.

III. Die Produktion.

Materialfragen.

Die Ergebnisse des letzten Kapitels zeitigten eine einseitige Belastung speziell der deutschen Maschinenindustrie bei ihrer Ausfuhr nach den einzelnen Absatzgebieten. Der Nachweis der Belastung scheint uns ebenso wie der Nachweis der ungleichmäßigen Behandlung Deutschlands in wirtschaftspolitischer Hinsicht im ersten Teile gebracht zu sein. Damit ist der Fragenkomplex, der sich mit der Aufdeckung der vielen Hemmungen befaßt, denen der deutsche Maschinenexport durch die Handels- und Zollpolitik der einzelnen Staaten ausgesetzt ist, für diese Untersuchungen hinreichend behandelt.

Eine wirtschaftspolitische Studie über die Exportmöglichkeiten des Maschinenbaues bedingt jedoch, sich nicht nur mit den Hemmungen zu befassen, an denen der deutsche Maschinenexport leidet. Erst die in den nächsten Kapiteln folgenden Untersuchungen der Wurzeln jeder Industrie, Untersuchungen über Material- und Lohnfragen, weiter über Preisfragen und endlich einige Gedankenbeiträge über die Möglichkeit einer Absatzhebung vervollständigen unserer Ansicht nach das Bild und ermöglichen es uns, die Schwere der wirtschaftlichen Sonderpolitik des Auslandes Deutschland gegenüber zu würdigen und über die derzeitige Lage und die Zukunftsaussichten des deutschen Maschinenexports ein einigermaßen begründetes Urteil fällen zu können.

Freilich gestattet die Fülle des Stoffes nur immer eine Skizzierung der aufgeworfenen Fragen, die alle wert wären, zum Gegenstand einer Hauptuntersuchung gemacht zu werden, bei der die wirtschaftspolitischen Gesichtspunkte nur den Hintergrund abgeben. Sie werden im folgenden nur aufgerollt, soweit es notwendig ist, um das Vorhergesagte zu belegen und den roten Faden, der sich durch dieses Buch zieht — Untersuchungen über die Konkurrenzfähigkeit —, weiter zu spinnen.

Knüpfen wir bei den nachfolgenden Ausführungen an eine Frage an, die im vorigen Kapitel noch offen gelassen wurde: Bei den Beispielen über die Zollmehrbelastungen gingen wir von der Annahme aus, daß der ausländische Herstellungspreis ab Werk ungefähr dem deutschen gleich sein müsse. — Wenn man den Ausfuhrpreis mit dem Zoll in Relation brachte (vgl. nochmals die Beispiele), so war es zweckmäßig, daß man auf derselben Basis — nämlich dem gleichen Ausfuhrpreis — fußte. Der Beweis für die Richtigkeit dieser Annahme in einem bestimmten Zeitraum ist aber noch zu bringen, und es soll mit Aufgabe dieses Kapitels sein, die Hypothese zu rechtfertigen, unter deren Voraussetzung die in den 69 Beispielen errechneten Mehrbelastungen für einen festzulegenden Zeitabschnitt wirkliche — effektive Mehrbelastungen — und nicht bloß Gewichte sind, die bezwecken, die deutsche Industrie bezüglich ihrer Konkurrenzfähigkeit auf den gleichen Stand zu bringen, damit sie im Wettkampfe auf dem internationalen Markte keinen Vorsprung habe. — Die Darlegung der Preisentwicklung während mehrerer Jahre dient aber zum anderen dazu, den Schleier der Inflationszahlen zu lüften, um den Entwicklungsgang und die Verschiebungen zu zeigen, die innerhalb des Verhältnisses vom Material zum Lohn und anderen Fragen in den einzelnen Zeitabschnitten stattfanden. — Noch ein paar Worte über die Erregungsmethode unserer Zahlen: Wir stellten uns von vornherein auf den Standpunkt, daß es bei Untersuchungen über die Konkurrenzfähigkeit nützlich und für die Praxis wertvoller sei, mit tatsächlichen Zahlen und nicht mit Durchschnittswerten zu rechnen. Somit geben die Zahlen der Jahre 1921 und 1922 den tatsächlichen Preis an, der einmal um die Mitte des Monats gezahlt wurde. Als Ende 1922 und Anfang 1923 die wöchentliche Preisgesetzgebung erfolgte, haben wir den Stichtag für die Untersuchungen auf den Beginn des Monats gelegt[1]). Die Zahlen basieren auf der Dollarwährung und der Fiktion: 1 Dollar = 4,20 Goldmark. Somit wurden auch die englischen Zahlen über den jeweils gültigen Neuyorker Wechselkurs umgerechnet, um zugleich die Bewertung des Pfundes an der Goldwährung in die Goldmarkzahl des englischen Preises zu bekommen. Wir glauben die unbedingte Durchführung der Goldmarkrechnung bei der Preisentwicklung der verschiedenen Rohmaterialien von 1921 an rechtfertigen zu können mit der Bemerkung, daß ja die Exportfähigkeit zu untersuchen, also mit dem Außenwert der Mark zu rechnen sei. Die krasse Differenz zwischen Innenwert und Außenwert ergibt sich dann bei der Betrachtung der Kurvenbilder von selbst.

Betrachten wir nun einmal die vier Kurven, die uns ein Entwicklungsbild der hauptsächlichsten Produktionsgrundlagen für die Maschinenindustrie geben sollen: der Kohle, des Hämatits, des Gießereiroheisens III, des Stabeisens.

Ein Vergleich mit der Preisentwicklung gleichwertigen englischen Materials zeigt, daß die deutschen Preise bis gegen die Mitte 1923 weit unter den englischen Preisen lagen. Die Abhängigkeit der deutschen Preise von dem Inflationsfortschritt zeigt sich auch bei den des Inflationsschleiers entkleideten Kurven. 1921/22 und Anfang 1923 kamen alle drei Rohstoffe sowie die Kohle in mehreren Monaten unter das Friedenspreisniveau, zweifelsohne nur durch die sprunghafte Entwertung der Mark. Die Ausnutzung der teilweise fabelhaft niedrigen Rohstoffpreise war für den deutschen Unternehmer selbstverständlich, der ja bis 1923 angehalten wurde, den Satz: Mark = Mark, zum Grundsatz seiner Geschäfte zu machen, und der von einer Goldbilanz bis in das Jahr 1923 hinein nichts wissen durfte[2]). Auf dem Weltmarkt wirkte sich das Phänomen „Valutadumping" aus und gab den dem deutschen Handel a priori feindlich gesinnten Staaten Titel in die Hand, zur systematischen Bekämpfung desselben zu schreiten, und zwang die in handelspolitischer Beziehung Deutschland wohlwollenden Staaten zu Schutzmaßnahmen. Freilich mußten zu Beginn der Ruhrbesetzung und bereits 1922 durch Produktionsausfall und Reparationslieferungen

---

[1]) Selbstverständlich liegt in der Wahl der Stichtage auch eine gewisse Willkür.

[2]) Näheres siehe Kap. IV.

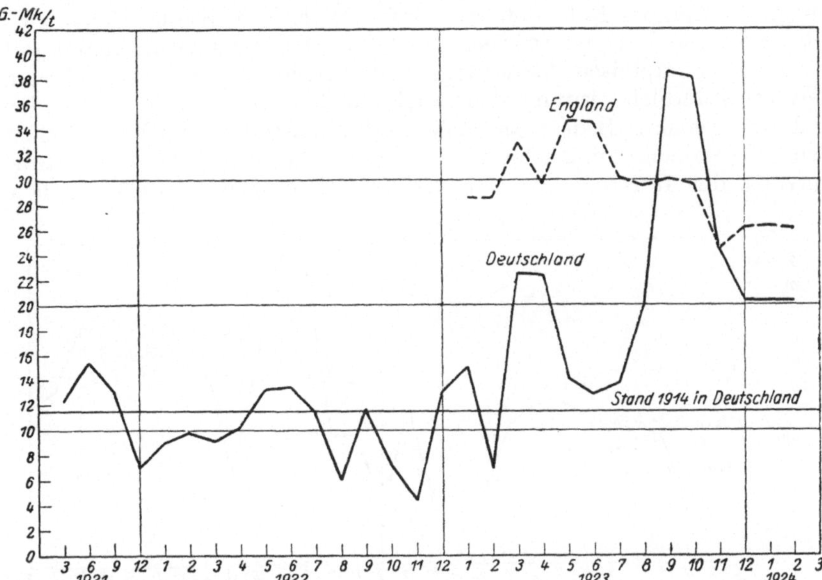

Kurve 6. Preisbewegung der Flammenförderkohle und der englischen Kohle in Goldmark pro Tonne.

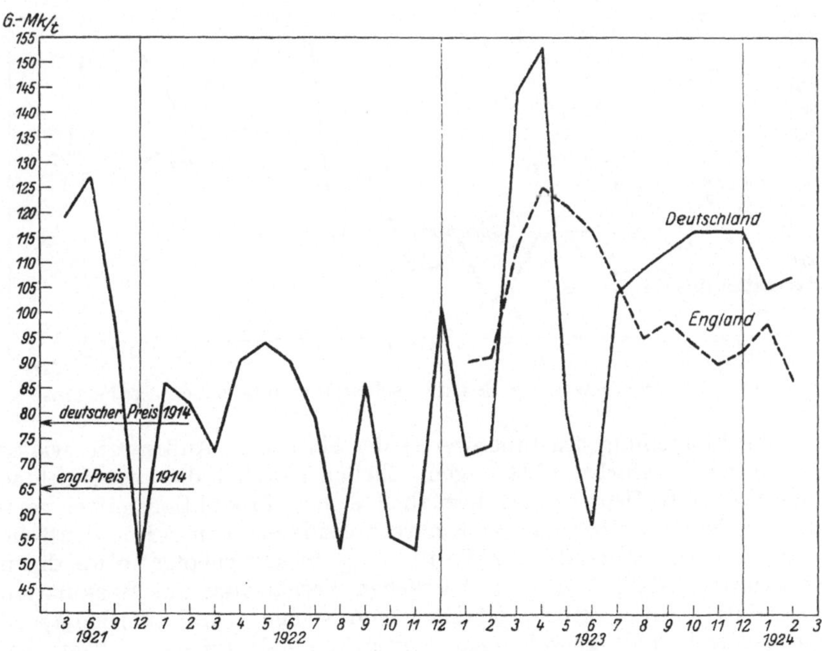

Kurve 7. Preisbewegung des Hämatit.

ein großer Teil der Roh- und Hilfsstoffe (Walzeisen, Kohle, Koks usw.)
vom Auslande bezogen werden. In diesem Falle lag Deutschland mit
seinen Materialpreisen keineswegs unter dem Weltmarktpreisniveau.
Selbstverständlich waren aber auch 1923 noch Vorräte vorhanden
und der gesamte Bedarf an Roh- und Hilfsstoffen wurde zu keiner
Zeit vollkommen vom Auslande befriedigt. Die Möglichkeit einer Ausnutzung der Inflationszeit war somit bis zum Herbst 1923 gegeben.

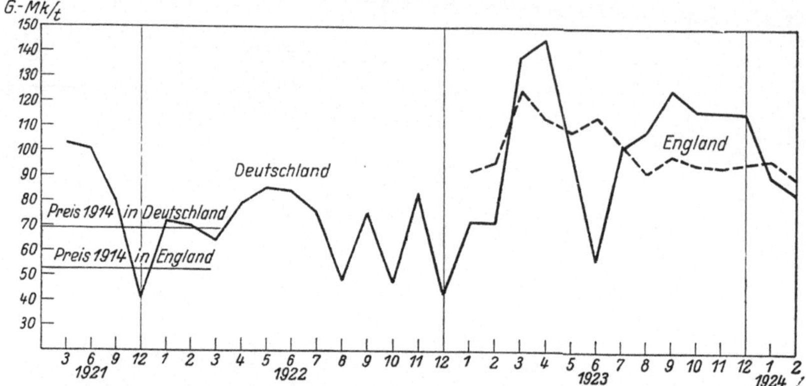

Kurve 8. Preisbewegung des deutschen und englischen Gießereiroheisens Nr. III.

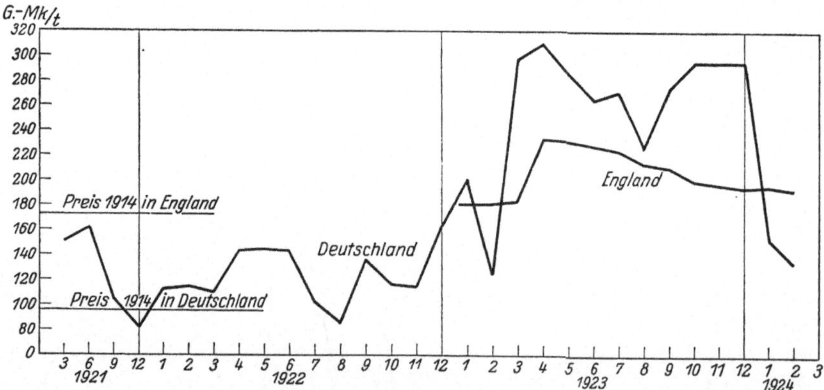

Kurve 9. Preisbewegung des deutschen und englischen Stabeisens.

Die Einstellung des Innenwertes der Mark zum Außenwert, wie es
die Kurven im Herbst 1923 zeigen, erhellen plötzlich die unangenehme
Tatsache, daß Deutschland bezüglich seiner Produktionsmittel zeitweise bedeutend über das Weltmarktpreisniveau kam. Der deutsche
Unternehmer, der von der zur Wertfindung eines Angebotes notwendigen
Kalkulation infolge der wirtschaftlichen Verhältnisse zur Spekulation
übergehen mußte, wurde plötzlich von seinem „Inflationskanapee"
hochgerüttelt und sah seine Konkurrenzfähigkeit auf das stärkste bedroht. Das war die Situation September 1923.

Entwicklung der Rohstoffpreise in Deutschland und England von 1921 bis Februar 1924.

(Basis: 1 Dollar = 4,20 Goldmark.)

Datum	Kohle[1]		Hämatit[3]		Gießerei-Roheisen III[4]		Stabeisen[5]	
	Deutschland	England[2]	Deutschland	England	Deutschland	England	Deutschland	England
	Gm.	Gm.	Gm.	Gm.	Gm.	Gm.	Gm.	Gm.
1921								
15. Januar . .	12,4		119,37		103,68		152,5	
15. April . . .	15,6		127,33		100,60		162,66	
15. Juli	13,37	35,24	99,45	119,03	81,53		104,39	219,32
15. Oktober . .	7,05	30,48	50,27	102,27	40,66		79,16	193,52
1922								
15. Januar . .	9,—		86,46		72,22		111,77	
15. Februar . .	9,96		82,89		70,23		115,62	
15. März . . .	9,24		74,12		64,62		110,12	
15. April . . .	10,33		90,78		79,31		142,17	
15. Mai	33,34		94,63		85,29		144,26	
15. Juni . . .	13,61		90,68		84,—		143,78	
15. Juli	11,51		79,47		75,43		101,02	
15. August . .	6,12		53,71		47,42		85,30	
15. September .	11,85		85,65		75,13		135,23	
15. Oktober . .	7,37		55,61		47,62		114,89	
15, November .	4,53		53,41		44,41		113,78	
15. Dezember .	12,96		101,97		84,69		166,30	
1923								
1. Januar . . .	15,29	28,80	72,83	90,81	71,94	92,76	200,56	180,65
1. Februar . .	6,92	28,80	74,07	91,89	71,17	95,59	123,77	180,65
1. März	22,72	33,20	144,62	113,73	138,54	124,13	298,05	182,98
1. April	22,71	29,97	153,28	125,27	146,69	112,89	312,30	235,87
1. Mai	14,24	34,82	79,83	121,11	95,02	108,80	184,68	233,35
1. Juni	13,—	34,82	58,15	116,17	56,29	113,02	164,23	228,49
1. Juli	13,86	30,49	104,05	106,45	103,18	102,71	172,46	224,53
1. August . . .	19,09	29,73	109,77	95,13	109,64	90,24	222,98	213,94
1. September .	38,80	30,09	125,13	98,31	125,—	98,14	276,25	210,21
1. Oktober . .	38,46	29,92	116,—	94,17	116,—	95,76	295,09	200,88
1. November .	24,92	24,86	116,—	89,80	116,—	93,11	295,-[6]	198,—
1. Dezember . .	20,60	26,36	116,—	92,22	116,—	95,82	295,—	195,53
1924								
1. Januar . . .	,,	26,48	105,—	98,89	90,—	96,16	150,—	196,60
1. Februar . .	,,	26,24	107,50	87,49	84,50	90,51	130,—	194,14

[1]) Deutschland: Flammförderkohle; Preis 1914: 11,50 M. (Vgl. V. D. J. Nachrichten 1921—24.)

England: Nordwestküste Steams; Preis 1914: rd. 10,— M.

[2]) Bis Ende 1922 glaubten wir uns mit einer bloßen Andeutung des englischen Preisstandes begnügen zu dürfen.

[3]) Deutschland: Hämatit; Preis 1914: 78,— M.

England: Scottish Hämatit gem.; Preis 1914: 60,30 M.

[4]) Deutschland: Preis 1914: 69,50 M., England 52,10 M.

[5])   ,,   ,, 1914: 96,— M.,   ,,   173,— ,,

[6]) Lagerverkaufspreise des Westdeutschen Eisenhändlerverbandes in Düsseldorf.

Bevor wir die Entwicklung bis zur Gegenwart geben, möchten wir hier die Lohnentwicklung einschalten.

Es kam uns bei der Untersuchung der Löhne wiederum darauf an, festzustellen, in welcher Höhe für einen bestimmten Zeitabschnitt der deutsche Unternehmer tatsächlich belastet wurde, um so ein vollständiges Bild über die Konkurrenzfähigkeit in den einzelnen Zeitabschnitten zu bekommen. Nicht der Nominalsatz, wie er als Ergebnis der Verhandlungen zwischen Arbeitgebern und Arbeitnehmern festgesetzt wurde, konnte somit die Zahlengrundlage sein, auch nicht der Reallohn, das heißt die Kaufkraft des dem Arbeiter wirklich verabfolgten Lohnes, die sich bei fortschreitender Entwertung sehr schwer feststellen läßt (und unserer Ansicht nach keineswegs mit dem gewogenen Lohn des Zahltages identisch ist), sondern wir versuchen die wirkliche Belastung des Unternehmers dadurch zu errechnen, daß wir die Höhe des Lohnes in Gold für den Tag errechneten, der dem Zahltage vorausging, ohne ihn irgendwie zu wiegen. Durch diese Errechnungsmethode glauben wir der tatsächlichen Belastung am nächsten gekommen zu sein. — Freilich kommt man auch auf dieser Basis nur zu annähernd richtigen Ergebnissen, da die Lohnzahlungsmodi verschieden sind. Bis Oktober 1923 kann man aber im Durchschnitt annehmen, daß die Löhne am 9.—10. Tage zur Auszahlung gelangten. Es ist somit für 1921 und 1922 der 8. Tag nach Beginn der Arbeitswoche als Vortag der Auszahlung angenommen und für 1923 der 7. Tag. Ende 1923 ging man zur Zahlung von Brotvorschüssen und anderen komplizierten Methoden über. Bei den folgenden Darlegungen fußen wir im allgemeinen auf der Lohnregelung des Verbandes Berliner Metallindustrieller. Nach dieser wurde in Berlin — um nur ein Beispiel zu geben — in der Woche vom 5.—11. November 1923 — kurz vor den glatten Goldmarklöhnen — folgende Entlohnungsart gehandhabt:

Für die Woche vom 5.—11. November 1923 belief sich der tarifarisch festgesetzte Höchstsatz für Metallarbeiter einschließlich sozialer Zulage (eine Frau und ein Kind) auf 79,5 Milld. Papiermark pro Stunde, was bei einem Dollarkurs von 630 Milld. Papiermark, dem Umrechnungskurs des Lohnes in Gold, 0,53 Goldmark beträgt. Die in der deutschen Lohnkurve eingesetzten 0,55 Goldmark Stundenlohn stellen die tatsächliche Belastung des Unternehmers in Gold dar, wie sie sich aus der in der genannten Arbeitswoche gehandhabten Entlohnungsmethode ergibt.

Entlohnungsart:

Ausgezahlt wurden in der Woche vom 4.—11. November 1923 einem männlichen Arbeiter über 21 Jahre an den Wochentagen Dienstag, Donnerstag und Sonnabend jeweils der Papiermarkbetrag von je vier Broten in Höhe des Brotpreises am Zahlungstage. Dieser Betrag für ein Brot betrug:

Dienstag, den 6. November . . . . 80·4 = 320 Milld.
Donnerstag, „ 8. „ . . . . 80·4 = 320 „
Sonnabend, „ 10. „ . . . . 120·4 = 480 „
insgesamt 1120 Milld.

Kurs vom   6. November . . . . 420 Milld. = 3,20 Gm.
  „   „. 8.   „   630   „   = 2,13   „
  „   „ 10.   „   630   „   = 3,20   „
                                              insgesamt 8,53 Gm.

Als Zahltag des in genannter Woche erarbeiteten Lohnes wurde Dienstag, der 13. November 1923 angesetzt. Der Wochenlohn des Arbeiters in Papiermark betrug nach obigen Feststellungen: 79,5 × 48 = 3816 Milld. Abgezogen wurden ihm hiervon die vorausgezahlten Brotgelder in Papiermark = 1120 Milld. Er bekam somit die Restzahlung von 2696 Milld. Der Berliner amtliche Dollarkurs vom 12. November 1923 — dem Vortage der Zahlung — betrug 630 Milld. Papiermark. Um die Belastung des Unternehmers in Gold exakt festzustellen, mußten die restlichen 2696 Milld. Papiermark über diesen Kurs umgerechnet werden. 2696 Milld. Papiermark = 17,17 Goldmark. Hinzuzufügen ist diesem Betrage die aus den Brotgeldvorschüssen zu erhebende Goldbelastung des Unternehmers von 8,53 Goldmark, so daß die endgültige Belastung sich auf 25,70 Goldmark beläuft, was einem Stundenlohn von 0,55 Goldmark entspricht.

Die soeben entwickelte Berechnung beweist einmal die oben aufgestellte Behauptung, daß man, um den wahren Belastungsgrad des Unternehmers zu errechnen, den Lohn nach dem jeweils üblichen Zahlungsmodi zu errechnen und am Vortrag der Zahlung in Goldwährung umzuwandeln habe. Zum andern zeitigt die dargelegte Entlohnungsart ein Phänomen der Inflationszeit, das wir mit „Mehrlohn" bezeichnen möchten und das sich aus der Entwertung der Papiermark ergab; das heißt: der Arbeiter bezog dadurch, daß er seine Brotvorschüsse am Dienstag, Donnerstag und Sonnabend — die insgesamt 1120 Milld. ausmachten — am 12. November in derselben Papiermarkhöhe abgezogen bekam, einen Mehrlohn in Gold über den festgesetzten Tarif, der gleich der Kursdifferenz zwischen dem zwölften und den einzelnen Brotvorschußtagen ist, oder — anders ausgedrückt — bei dieser Entlohnungsart trug der Unternehmer das Entwertungsrisiko zwischen Brotvorschüssen, das sich, wie aus einem Vergleiche der tariflich festgesetzten Lohnsumme von 0,53 Goldmark und der endgültig errechneten von 0,55 Goldmarkstunden hervorgeht, auf 0,02 M. pro Stunde oder 1,08 M. pro Woche belief.

Die Ermittlung der englischen Löhne erfolgte auf der Basis des Vorkriegswochenlohnes für einen gelernten Metallarbeiter (fitter and turner) von 38 Sh. 11 P. pro Stunde[1]), multipliziert mit dem für die einzelnen Monate gültigen Lebenshaltungsindex, ergänzt durch Berichte des Internationalen Arbeitsamtes in Genf, von dem auch die der Haupttabelle folgenden Lohndaten aus den verschiedenen Ländern

---

[1]) Quelle: International labour office, studies and reports, Series D (Wages and hours) Nr. 10 June 1923. Die Lohndaten in der Labour Gazette sind leider bezüglich des Maschinenbaues zu ungenau bzw. ihre Notierung geschieht nur immer zeitweise. Ein Vergleich unserer errechneten englischen Löhne mit den wenigen uns zur Verfügung stehenden Angaben rechtfertigt unsere Errechnungsmethode.

stammen, die der deutschen und der englischen Lohntabelle zur Ergänzung beigefügt sind (siehe Tabelle S. 111).

Ein Blick, den wir auf die Lohnkurve werfen, genügt, um die riesige Differenz festzustellen, die sich zwischen dem Arbeitslohn des deutschen

Entwicklung der deutschen und englischen Löhne von 1922—1924[1]).

Gültig ab	Für Deutschland					Für England
	Lohn in Goldpf. pro Std.	Soziale Zulagen		1914 = 100 [2])	1914 = 100 [3])	Lohn in Goldpf. pro Std.
		1 Frau	1 Kind			
1922						
30. Januar . . .	25,—	2,—	2,—	37,—	165,—	137
6. März	18,40	1,50	1,50	26,—	168,—	139
27. „	19,70	1,—	1,—	28,—		
1. Mai	29,15	1,—	2,—	41,50	164,—	136
5. Juni	28,17	1,—	2,—	40,20	165,—	137
26. „	25,—	1,25	1,75	37,—		
31. Juli	17,73	0,90	1,—	25,40	166,—	138
28. August . . .	17,90	0,80	1,10	25,60	165,—	137
25. September . .	17,37	0,80	1,—	24,80	164,—	136
23. Oktober . . .	11,20	0,37	0,50	16,—	160,—	133
20. November . .	9,50	0,18	0,28	13,55	164,—	136
4. Dezember . .	13,50	1,—	1,—	19,60	168,—	139
1923						
29. Januar . . .	8,20	1,80	0,45	11,70	170,—	141
12. Februar . . .	19,92	0,70	1,—	28,50	169,—	140
5. März	25,50	0,80	1,60	36,50	170,—	141
30. April	28,70	0,70	1,—	41,—	166,—	138
14. Mai	14,—	,070	1,—	20,—	161,50	134
28. „	17,50	0,50	1,—	22,40		
4. Juni	9,60			13,70	158,—	131
18. „	20,26			29,—		
25. „	19,69	[4])	[4])	28,10		
2. Juli	22,86			32,70	159,—	132
9. „	27,10			38,90		
24. September . .	52,63			75,30	161,50	134
1. Oktober . . .	35,70			51,—	163,—	135
8. „ . . .	47,70			68,—		
5. November . .	52,—	1,—	2,—	74,30	161,50	134
10. „ . .	52,—	1,—	2,—	74,30		
26. „ . .	50,—	1,—	2,—	71,50		
31. Dezember . .	48,—	2,—	4,—	68,50	158,—	131
1924						
14. Januar . . .	48,—	2,—	4,—	68,50	158,—	131

[1]) Lohnerrechnung siehe S. 108/109.

[2]) Deutscher Lohn 1914 für einen gelernten Metallarbeiter über 21 Jahre ohne soziale Zulagen 70 Pfg. (Wir berücksichtigen bei der prozentualen Berechnung die sozialen Zulagen nicht, ebenso wird im Texte und in den Kurven nur immer vom Lohn ohne soziale Zulagen ausgegangen. Bei englischem Lohn werden Zuschläge gleichfalls unberücksichtigt gelassen.)

[3]) Englischer Lohn für einen gelernten Metallarbeiter über 21 Jahre 38 Sh. 11 P. = 83 Pfg.

[4]) Genaue Angaben sind nach den Unterlagen nicht zu errechnen, doch werden sich die Zahlen in dieser Zeitspanne nicht wesentlich verschoben haben.

Arbeiters (Anfang 1924 rd. 48 Pfg.) und dem seines Kollegen in England (Anfang 1924 rd. 130 Pfg.) ergibt. Die langsame Steigerung seit September 1923 macht sich auch hier geltend. Da aber, wie uns die zuerst besprochenen Kurven zeigen, die Rohstoffpreise das Weltmarktpreisniveau um diese Zeitspanne bereits überschritten hatten (Stand September 1923 siehe S. 104ff.), so lag es auf der Hand, daß die Frage der Konkurrenzfähigkeit abhing von dem niederen Stand der Löhne, ja, daß der Gewinn bei Auslandverkäufern lediglich aus der Lohndifferenz resultieren konnte. Nun war aber der Lohn an und für sich unter Berücksichtigung des größeren Leerlaufs und der schlechteren

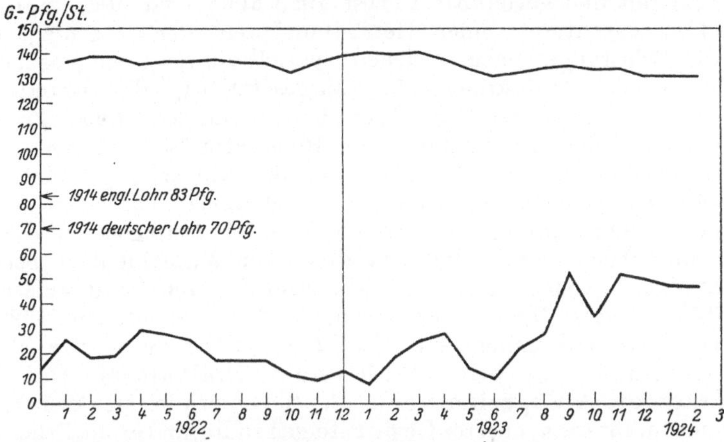

Kurve 10. Lohnentwicklung in Deutschland und England.
(Dez. 1923: deutscher Lohn 48 Gpfg., englischer Lohn 130 Gpfg.)

Betriebsorganisation im deutschen Betriebe im Endergebnis keineswegs so niedrig, daß für den Unternehmer größere Gewinne ausgeworfen werden konnten.

Vergleichende Lohnübersicht.
(Erhebungsmonat: März 1923.)[1]

Deutschland Goldpf.	Amerika Goldpf.	Frankreich Goldpf.	England Goldpf.	Belgien Goldpf.	Schweden Goldpf.	Holland Goldpf.	Spanien Goldpf.
25,5	346,0	57,0	141,0	64,0	84,0	220	72,6

Vor allem ist zu erwägen, daß im besetzten Gebiete weit höhere Löhne als die aufgeführten bezahlt wurden (zeitweise 80 Pfg. und darüber). Es konnten also die teueren Rohstoffe durch niedere Löhne nicht genügend kompensiert werden; mit anderen Worten: der Unternehmer lag mit seiner Maschine über dem Herstellungspreis seines englischen Konkurrenten.

---

[1] Quellen: Internationale Rundschau der Arbeit, 1923; Labour Revue, April 1923; und Bericht des Internat. Arbeitsamtes in Genf.

Aus der skizzierten Konjunkturlage im Herbst 1923, die sehr gefährlich zu werden drohte, da die gleichzeitig durch die Stabilisierungsaktion eintretende Geldknappheit lange Kredite unmöglich machte, ergab sich eine zwangsläufig einsetzende Korrektion der Löhne und Rohstoffe. Die Löhne, die von 80 und 50 bzw. 55 Pfg. auf 48 bzw. 51 Pfg. und noch tiefer herabsanken, wurden in erster Linie zum Regulativ für Gewinn und Verlust. Ein gleichzeitig einsetzender — allerdings teilweise nur vorübergehender — Abbau der Rohstoffpreise macht heute den Unternehmer bezüglich seiner Produktionsbasen wieder durchaus konkurrenzfähig, die Löhne in ihrer jetzigen Höhe, im Verein mit den gegenüber Herbst 1923 auch jetzt noch billigeren Rohstoffen, garantieren einen Herstellungspreis, der — schlägt man noch alle Belastungen dazu — denen, speziell der deutsche Maschinenbau bei seinen Produktionsstufen ausgesetzt ist, die Konkurrenz auf dem Weltmarkt gestattet. Wir glauben uns also nunmehr nach der Darlegung der Entwicklung der Rohstoffpreise und der Löhne bis zur Gegenwart und vor allem auf die Tatsache gestützt, daß Rohstoffe wie Löhne in Deutschland zurückgesetzt wurden, nochmals auf unsere Behauptung im vorigen Kapitel festlegen zu dürfen: die Zollmehrbelastungen, die dem deutschen Maschinenbau bei der Einfuhr nach Spanien, Italien und Frankreich durch Valutaaufschläge und differenzierte Tarife erwachsen, sind — September 1923 — effektive Mehrbelastungen, sie sind erst recht effektive Mehrbelastungen bei stabilen Währungsverhältnissen und ausbalanciertem Weltpreisniveau. Sie schmälern unsere Ausfuhr, die doch auch im Interesse unserer Gegner steigen sollte, und ermöglichen dem konkurrierenden ausländischen Maschinenfabrikanten eine Rente, die nur etwas geringer als die Zollmehrbelastung zu sein braucht, und die ebenso, wie die Zollmehrbelastungen, von dem Konsumenten zu tragen ist.

Gewinnen wir somit aus der Darlegung der Lohn- und Materialkurve den Eindruck, daß die Belastungen, denen der deutsche Maschinenbau durch Zölle ausgesetzt ist, zur Inflationszeit — solange und soweit der Bedarf an Roh- und Hilfsstoffen in Deutschland gedeckt werden konnte — größtenteils Gewichte waren, die er infolge der niedrigen Gestehungskosten zu tragen vermochte[1]), sahen wir weiterhin, daß September 1923 infolge der gänzlich veränderten Preislage und der damaligen steigenden Tendenz der Löhne die Konkurrenzfähigkeit der deutschen Maschinenindustrie stark bedroht war — die Zollmehrbelastungen sich also als effektive Mehrbelastungen auswirkten —, so wäre nun die Lage seit September 1923 bis zur Jetztzeit schärfer zu charakterisieren. Auf den ersten Blick scheint es gerechtfertigt, nach dem Rückgang der Löhne und Rohstoffpreise[2]) wieder nur von einer „Gewichtsbelastung" zu sprechen. Die Staaten, die sich zur Aufhebung der Schutzmaßnahmen gegen das Deutsch-

---

[1]) Vgl. auch Kap. IV und V

[2]) Letztere allerdings beginnen wieder zu steigen und man plante daher einen weiteren Abbau der Löhne, ein Plan, welcher sich indes nicht verwirklichen ließ.

land der Inflationszeit nicht verstehen wollen, zögern auch nicht, die Behauptung, Deutschland liege infolge seiner niederen Löhne unter dem Weltmarktpreisniveau, ins Feld zu führen, um die erhöhten Zölle für deutsche Maschinen aufrechtzuerhalten. — Selbst wenn wir diese Behauptung als zu Recht bestehend bezeichnen wollten, daß also die deutschen Unternehmer ohne Sonderbelastungen zu einem Preise weit unter dem Weltmarktpreisniveau in anderen Ländern anbieten könnten, so wäre die Aufrechterhaltung der Mehrbelastungen, die doch zur Abwehr eines Valutadumpings dekretiert waren, bei stabiler Währung — lediglich wegen niedrigerer Lebenshaltung — als gänzlich ungerechtfertigt anzusehen; da ja die Löhne und Lebenshaltung in allen Ländern differieren (vgl. Lohnübersicht in den einzelnen Ländern, S. 111). Die entwickelte Auffassung könnte weiter zu dem Schlusse verleiten, die deutschen niedrigen Löhne seien eine Folge der Mehrbelastungen, die man dadurch kompensieren wolle; oder mit anderen Worten: der deutsche Arbeiter arbeite unter einem Joche, und der Grad seiner Beugung sei bedingt durch die Höhe der Sonderbelastungen der deutschen Wirtschaft durch das Ausland. Unter dieser Annahme wurden allerdings die Zollmehrbelastungen seit September 1923 wieder Gewichte. Da sie sich aber in einer ungesunden Lohnsenkung auswirken und die Voraussetzungen, die ihr Einsetzen rechtfertigen (Valutadumpings), nicht mehr gegeben sind, müssen sie selbst unter diesen Umständen als ungerechtfertigt angesehen und im Interesse der Gesundung der kranken Weltwirtschaft aufgehoben werden. — Auch unter der eben angeführten Annahme wäre der Lohn das Regulativ zur Erhaltung der Konkurrenzfähigkeit.

Die dargelegten Schlüsse, die die Verteidiger der Mehrbelastungen aus der Entwicklung seit September 1923 ziehen können und deren Auswirkung wir soeben erläutert haben, scheinen uns aber nicht hinreichend fundiert zu sein, um die Konjunkturlage restlos klären zu können. Vielmehr ziehen wir folgendes in Erwägung: Die Inflationszeit mit ihren vielen Zahlungsrisikon (siehe Kap. IV, Entwicklung der Zahlungsbedingungen) zwang auch die technischen Leiter der industriellen Unternehmungen, ihre Hauptkraft für eine zweckmäßige Lösung der Zahlungsfrage zu verwenden, mit anderen Worten: der Techniker hatte während der Inflationszeit in erster Linie Kaufmann zu sein, wollte er seinen Betrieb durchbringen. Weiter ist festzustellen, daß die Kriegszeit zu einer Verminderung des Bedürfnisses führte, Maschinen, die kein Kriegsmaterial schufen, dem Fortschritt der Technik anzupassen. Der deutsche Maschinenbau ist daher heute fabrikationstechnisch wie betriebsorganisatorisch hinter seinen Konkurrenten im Auslande zurück. Diese Tatsache fiel September 1923 zur Zeit der Ausgleichung des Innenwertes der Mark an den Außenwert schwer ins Gewicht. Der deutsche Unternehmer erkannte, daß er bei stabilen Währungsverhältnissen, steigenden Löhnen und Rohstoffpreisen (erstere womöglich bis zum Weltmarktpreisniveau, das letztere schon erreicht hatten) auf Grund der Vernachlässigung der beiden oben skizzierten Punkte nicht mehr konkurrenzfähig sein könne. Daher mußte automatisch der Lohnabbau als Notbehelf einsetzen, um in einer dadurch geschaffenen Atempause fabrikationstechnische und betriebsorganisatorische Neuerungen einzuführen und weitere Roh- und Hilfsstoffpreissenkungen (vor allem der Kohle) herbeizuführen. Denn nur wenn es dem deutschen Maschinenfabrikanten gelingt, sich in den beiden ersten Punkten (bezüglich seiner Fabrikationstechnik und seiner Betriebsorganisation) dem Stande seiner Wettbewerber anzupassen, wird er weiterhin wettbewerbsfähig bleiben können, und nur unter diesem Gesichtspunkte erscheint der Abbau der Löhne unter den Friedensstand für eine gewisse Zeit — die wir „Übergangszeit" nennen können — gerechtfertigt. Die Frage der Mehrbelastung scheint uns somit nach der soeben getätigten Überlegung für die Senkung der Löhne von sekundärer Bedeutung gewesen zu sein. Zweifelsohne sind aber Zollmehrbelastungen auch unter den soeben dargelegten Gesichtspunkten ungerechtfertigt und als Hindernisse für die Gesundung der deutschen Wirtschaft zu betrachten. — Ohne hier in der einen oder anderen Erwägung die ausschließliche Begründung der gegenwärtigen Lage suchen zu wollen, glauben wir doch, durch die Besprechung der verschiedenen Möglichkeiten, das Entwicklungsbild der Exportmöglichkeiten bis zur Gegenwart ergänzt und die Beziehungen der Spezialzölle für deutsche Maschinen, die wir auch heute noch. als Zollmehrbelastungen ansprechen müssen, zu den übrigen Hemmungen der deutschen Wettbewerbsfähigkeit angedeutet zu haben.

Schon aus dem eben Gesagten kann man den Satz belegen, daß für die Erhaltung und Steigerung der deutschen Wettbewerbsfähigkeit — neben anderen später noch zu erörternden Forderungen[1]) — **fabrikationstechnische wie betriebstechnische Neuerungen, sowie genaueste Kalkulation von hervorragender Bedeutung sein wird.**

Das Verhältnis vom Material zum Lohn, das wir noch kurz behandeln wollen, ist natürlich je nach dem Gewichte einer Maschine und der zu ihrer Fertigstellung notwendigen Arbeitszeit verschieden. Betrachten wir einmal die nachfolgende Friedenskalkulation einer Blechrichtmaschine, so sehen wir, daß der Anteil von Material zu den reinen Betriebskosten (Gesamtlohn, d. h. produktive und unproduktive Löhne, kurz „Lohn" genannt), sich wie $3383 : 2031 =$ rd. $62\% : 38\%$ verhält.

Eine Blechrichtmaschine, Gewicht ca. 13000 kg.   Stand Juli 1914.
1. Materialkosten inkl. 15% Verschnitt und Ausschußrisiko   3383,— M.
2. 1800 Lohnstunden, pro Std. 0,68 M. plus
    200% Betriebskosten . . . .   1224,— M.
    a) unproduktive Löhne. . . .   807,84 M.
    b) Kohle usw. . . . .   416,16 „
    c) Werkerhaltung . . . . . .   1224,— „   2448,— „   3672,— „
Demnach Herstellungspreis . . . .   7055,— M.
  plus 10% Handlungsunkosten und technisches Bureau . .   705,— „
Demnach Selbstkostenpreis . . . .   7760,— M.
  plus 10% Gewinn und Risikozuschlag. . . . .   776,— „
Nettoverkaufspreis . . . .   8536,— M.
  plus 3% Zuschlag für Vertreterprovis. vom Bruttoverkaufs-
    preis . . . .   264,— „
Mithin Bruttoverkaufspreis . . . .   8800,— M.

------

[1]) Vgl. Kap. V: Postulate zur Hebung des Maschinenexports.

Bei einer Maschine, in der noch mehr Arbeitslohn steckt, kann man das Verhältnis vom Material zum Lohn auf 50 : 50, vielleicht sogar 40 : 60[1]) schätzen. Dieses Verhältnis hatte sich gründlich gewandelt und spielte 1922 eine andere Rolle wie 1914, und 1923 hatte sich das Bild wieder völlig verschoben. 1922 — um einen Rückblick auf die Papiermarkkalkulation zu werfen — rechnete man (Ende 1922) mit einer durchschnittlichen Materialsteigerung auf das 800fache und einer durchschnittlichen Lohnsteigerung auf das 130fache. Das Verhältnis wandelte sich daher folgendermaßen: $0,62 \times 800 = 496$; $0,38 \times 130 = 49,5 = 91 : 9\%$. Oder bei einem angenommenen Verhältnis von $50 : 50\% = 86 : 14\%$. Nach diesen Berechnungen ist somit anzunehmen, daß Ende 1922 für Maschinen mit ähnlichem Verhältnis des Gewichts zu der in ihr steckenden Arbeit das Verhältnis vom Material zum Lohn etwa wie $80 : 20\%$ bis $90 : 10\%$ schwankte, das heißt: der niedere Lohn spielte um die Errechnungszeit in der Kalkulation nur eine untergeordnete Rolle. Seine fast gänzliche Ausschaltung ermöglichte es dem Unternehmer, die oben geschilderte Inflationskonjunktur auszunutzen. Für die Schätzung des heutigen Verhältnisses zwischen Material und Betriebskosten ist folgende Überlegung statthaft: Vor dem Kriege rechnete man bei einer dreigliedrigen Selbstkostenberechnung — die Selbstkosten auf 100 bezogen — im Durchschnitt 35% für Werkstoffe, 25% für produktive Löhne, 40% für Unkosten[2]). — Für Beginn des Jahres 1924 lag das Verhältnis folgendermaßen: man rechnete im Durchschnitt 40% für Werkstoffe, 20% für produktive Löhne, 40% für Unkosten (unproduktive Löhne u. a.). Das heutige Verhältnis zwischen Material und Lohn hat sich demnach gegenüber dem Vorkriegsverhältnis etwas verschoben. Der Lohn, der im Frieden für die Kalkulation eine wesentliche Rolle spielte, der zur Inflationszeit auf die Preishöhe nur untergeordneten Einfluß hatte, ist nunmehr für die Wettbewerbsfähigkeit deutscher Maschinen auf dem Weltmarkte von ganz hervorragender Bedeutung. Seine geringe Höhe gestattet für die Gegenwart folgenden Schluß: je mehr sich das Verhältnis vom Material zum Lohn zugunsten des Lohnes verschiebt, desto niedriger wird der Selbstkostenpreis; mit anderen Worten: der Maschinenbau sollte vorzüglich Maschinen exportieren, in denen die Fertiglöhne den größeren Prozentsatz vom Selbstkostenpreis ausmachen; kurz gesagt: Maschinen, in denen viel Arbeit steckt.

IV. Die Entwicklung der Zahlungsbedingungen und ihr Einfluß auf die Konkurrenzfähigkeit. Die Änderung der Selbstkosten im Maschinenbau.

Wurde am Ende des vorigen Kapitels, das uns die Dynamik des Verhältnisses der wichtigsten preisbildenden Faktoren — Material und

---

[1]) Einen festen Durchschnittssatz kann man bei der Verschiedenartigkeit der Maschinen nicht aufstellen.

[2]) Nach Schulz-Mehrin: Goldmarkpreise und Selbstkostenverminderung. Die detaillierte Größenordnung für die Zusammensetzung der Selbstkosten im Maschinenbau ist aus einer vom genannten Verfasser aufgestellten, im IV. Kap. abgedruckten Tabelle ersichtlich.

8*

Lohn — zueinander und ihren wechselnden Einfluß auf die Selbstkostenberechnung vor Augen führen sollte, um dadurch ein Bild über die Lage der Wettbewerbsfähigkeit zu verschiedenen Zeitpunkten bis zur Gegenwart zu bekommen, der Satz aufgestellt: die zukünftigen Exportmöglichkeiten in der Maschinenindustrie seien auch abhängig von der Wiedereinführung einer gut fundierten Kalkulation, so sollen die folgenden Ausführungen über die Entwicklung der von jeder konkreten rechnerischen Grundlage losgelösten Zahlungsbedingungen im Maschinenbau während der Inflationszeit, sowie ein Überblick über die Änderung der Selbstkosten, die Richtigkeit der aufgestellten Behauptung zu belegen suchen.

In der Tat scheint es uns nicht unwesentlich, sich vor allem auch eingehender mit Fragen der Technik des Zahlungsverfahrens zu befassen, und — wenn auch der Streit um die verschiedenen Zahlungsmodi der Inflationszeit heute und hoffentlich für immer der Geschichte anzugehören scheint — so würde ihr Fehlen bei einer Untersuchung der Exportmöglichkeiten dennoch eine Lücke bedeuten, da ja nur die Kenntnis der Entwicklung die richtige Beurteilung der Gegenwart gestattet. Es erübrigt sich noch, darauf hinzuweisen, daß im folgenden keineswegs eine vollständige Übersicht gebracht und einem der Zahlungsmodi gegenüber den anderen der Vorzug gegeben werden soll. — Solche Beweise sind schwerlich zu führen und, bei dem Tempo der Wirtschaftsentwicklung, wenn sie gelungen sind, schon längst veraltet.

Rückblickend auf die Entwicklung dieses wichtigen Abschnittes, dessen Einbeziehung in den Fragenkomplex uns zur Gewinnung eines Gesamteindruckes notwendig erscheint, sollen die einzelnen Entwicklungsphasen der Zahlungsmodi in historischer Reihenfolge dargelegt und bezüglich ihrer Hauptmerkmale charakterisiert werden.

Um ein Geschäft, dessen Abschluß durch starke Konkurrenz bedroht ist, schließlich doch perfekt zu machen, ist es oft von wesentlicher Bedeutung, den Käufer durch günstigere Zahlungsbedingungen als die der Gegenseite in letzter Minute zur Entscheidung zu bewegen. Neben seiner Qualitätsleistung (made in Germany!) war der deutsche Kaufmann im Auslande auch durch seine langfristigen Kredite beliebt, und viele Praktiker behaupten, nur dadurch sei er überhaupt ins Geschäft gekommen. Für die Gültigkeit der Behauptung spricht die Tatsache, daß in Italien, als während des Krieges englische Kaufleute den ehemals deutschen Kundenkreis an sich rissen, von den italienischen Bestellern oft Klagen über die harten Zahlungsbedingungen („cash down") geführt wurden, die sie doch von den Deutschen gar nicht gewohnt seien. Die Art der Zahlungsbedingungen spielte also seit jeher für Inlands- wie Auslandsverkäufe eine wichtige Rolle, und vor dem Kriege war Deutschland bezüglich der Krediteinräumung an Kunden vorbildlich zu nennen. (Vielfach wurden vor dem Kriege deutscherseits den ausländischen Abnehmern Kredite bis zu 12 Monaten, ja bis zu 3 Jahren gewährt.)

Bei dem Verkauf einer Maschine wird sich die Abrechnung in den meisten Fällen über einen längeren Zeitraum erstrecken, in der Maschinenindustrie handelt es sich nämlich größtenteils nicht um Zug-um-Zug-Geschäfte, sondern um langfristige Lieferverträge mit entsprechenden Zahlungsbedingungen. Bei einem sich glatt abwickelnden Geschäft mit einem keinen langfristigen Kredit beanspruchenden Käufer bestanden folgende Zahlungsbedingungen im Maschinenbau, die man auch zur Grundlage der ersten Gleitpreise gemacht hatte: ein Drittel bei Bestellung, ein Drittel bei Lieferung, ein Drittel nach Montage bzw. Inbetriebsetzung.

Es dürfte weiterhin unbestritten sein, daß jeder Kaufmann die Verpflichtung hat, seine Geschäftsmaßnahmen den tatsächlichen Verhältnissen anzupassen, kurz gesagt: Verkaufspreis und Herstellungskosten, Einnahmen und Ausgaben müssen sich die Wage halten[1]). — Wenn nun der Unternehmer im Maschinenbau in einer Währung, die ständiger Entwertung unterliegt, seine Preise stellt, so ist es offensichtlich, daß er zu festen Preisen bei Zahlungsraten oder langen Zahlungsterminen nicht liefern kann. Schon das zweite und letzte Drittel der geleisteten Zahlung entspricht nicht mehr dem ursprünglich angesetzten Wert — eine Überlegung, die uns in das heiß umstrittene Gebiet der Gleitpreise führt. Noch im Jahre 1920 bis zu Beginn des Jahres 1921 bewegte sich das deutsche Wirtschaftsleben in verhältnismäßig gleichmäßigen Bahnen, und in Kundgebungen bekannten sich der Reichsverband der deutschen Industrie und andere Organisationen zu der Notwendigkeit der Wiedereinführung der Geschäftsgebräuche der Vorkriegszeit, insbesondere zur Wiedereinführung des Verkaufs zu Festpreisen[2]). Schon damals erkannte man die schädliche Wirkung, die folgen mußte, wenn der deutsche Kaufmann von seiner anerkannten Zuverlässigkeit in Preis und Lieferung abwich. September 1920 begann der neue Marksturz, der gegen Ende des Jahres etwas abflaute, seit Januar 1922 aber mit wachsender Schnelligkeit fortging. Die Folge war, daß man mit einfachen Wagniszuschlägen nicht mehr auskam. Die festen Preise im Kleinverkaufe schwanden und auf Offerten im Großhandel und in der Industrie erschien das Wörtchen „freibleibend". Dieses Beiwort kann die erste und primitivste Form des Preisvorbehaltes genannt werden. Zwar gestattete es dem Verkäufer, die Grundbedingungen eines reellen Geschäftes einzuhalten, anderseits aber brachte es den Käufer in die unangenehme Lage, daß ihm das Zahlenfundament für seine Dispositionen schwand. Die Anwendung des Preisvorbehalts ist also als der Todeskeim einer fest fundierten Kalkulation anzusprechen. Aus der geschilderten unsicheren Lage heraus förderte der Wunsch aller Abnehmer, daß der endgültige Preis nach einem bei dem Geschäftsabschluß fest vereinbarten „Preisvorbehalt" aus dem Angebotpreise sich bestimmen lassen solle, die Entwicklung der Gleit-

---

[1]) Vgl. Froelich: Die Geldentwertung in ihrer Auswirkung auf die Erfüllung von Lieferverträgen (als Manuskr. gedr.).

[2]) Der Periode der Festpreise ging eine Periode der Gleitpreise (1917 bis 1920) auf Grund von vierteljährlich und später monatlich veröffentlichten, in Prozent des Grundpreises (Stand 1916) ausgedrückten Ausgleichsätzen voraus, die auf der Änderung der Selbstkosten beruhten.

preise im Maschinenbau in außerordentlichem Maße. In Zukunft war es demnach entscheidend, welchen Preisvorbehalt man vereinbart hatte. — Die lange Beibehaltung der Papiermark als Rechnungsbasis trotz ihres immer schnelleren Zerfalls, sowie die außerordentliche Vielgestaltigkeit des wirtschaftlichen Lebens, brachte nun eine Fülle von Preisvorbehalten zur Anwendung. Maßgebend für sie alle waren folgende Gesichtspunkte (nach Froelich, a. a. O. S. 117): Der Preisvorbehalt soll dem Verkäufer die Wirkung der seiner Selbstkosten beeinflussenden Faktoren ausgleichen, er soll dem Käufer ermöglichen, die Wirkung der preissteigernden Faktoren (Material und Lohn) auf den Endpreis zu verfolgen und nachzuprüfen. Ersteres, das Verfolgen, ermöglicht dem Käufer, seine weiteren geschäftlichen Maßnahmen nach den Erfordernissen des ordentlichen Kaufmanns vorzubereiten, das letztere, das Nachprüfen, sichert ihn vor einer Übervorteilung. Grundsätzlich sollen demnach die Preisvorbehalte weiterhin, wie schon andernorts betont, der Erzeugerfirma keinen buchmäßig größeren Gewinn ermöglichen, als in den Angebotspreisen bereits vorgesehen war.

Die folgenden Darlegungen sollen uns zeigen, wieweit die verschiedenen Preisklauseln oder Preisvorbehalte den angeführten Postulaten entsprechen. — Vier Haupttypen von Zahlungsbedingungen mit jeweils charakteristischen Preisvorbehalten lassen sich aus der Fülle der Kombinationen herausschälen: 1. Preisvorbehalte, die aufgebaut sind auf den einzelnen Faktoren der Selbstkosten (Auffüllverfahren I. Ordnung); 2. das Kurssicherungsverfahren; 3. das Auffüllungsverfahren (II. Ordnung); 4. das Abgeltungsverfahren. Das erste Verfahren wurde vorzüglich im Maschinenbau des längeren angewandt, und zwar schrieb eine derartige Preisklausel z. B. vor, daß sich der endgültige Maschinenpreis um 0,4% bei 1% der Steigerung von Roheisen III oder Hämatit und um 0,4% bei 1% Lohnsteigerung erhöhen sollte. Die Materialsteigerung sollte sich auf die Zeit von der Bestellung bis auf halbe Lieferzeit, die Lohnsteigerung auf die Zeit von der Bestellung bis drei Viertel der Lieferzeit erstrecken. Beide Zeitbedingungen basierten auf der Annahme, daß das Material im allgemeinen nach Ablauf der halben Lieferzeit angeliefert und bezahlt sei, und daß die Löhne erst nach Ablieferung des Materials, also in der zweiten Hälfte der Herstellungszeit, verausgabt würden. Am Ende dieser beiden Termine fixierte man einen Stichtag. Bei dem soeben geschilderten Typ des Preisvorbehaltes muß von vornherein, wenn wir uns der Entwicklung des Verhältnisses vom Material zum Lohn entsinnen (Stand 1922: 80 : 20%), die Annahme, die Preissteigerung von Material und Lohnsteigerung gleichmäßig abhängig machen zu können, als gänzlich ungerechtfertigt erscheinen. Der Maschinenpreis müßte bei einer Rohmaterial- und Lohnsteigerung von je 1% jeweils um 0,80% und die Löhne um 0,20% erhöht werden. Ein Blick auf die Stabeisenkurve zeigt weiter, daß dieses keineswegs den gleichen Steigerungen wie Hämatit und Roheisen unterlag, ein Vergleich mit Schmiedestahl und anderem höherwertigen Material würde den Unterschied noch mehr zutage fördern. Es scheint uns also untunlich, nur einen Rohstoffpreis in die Gleitklausel aufzunehmen, deren Ungenauigkeit durch die frühe Festsetzung des Stichtags erhöht wird. Die Tatsache, daß die eingehenden Zahlungen lediglich bezüglich ihres Nennwertes auf den endgültigen Lieferpreis angerechnet wurden, daß also die An- und Teilzahlungen an- und aufgefüllt wurden, rechtfertigen es unserer Ansicht nach, das geschilderte Zahlungssystem „Auffüllverfahren I. Ordnung" zu nennen. Bei der Aufzählung der geschilderten Nachteile dieses ersten Verfahrens, das ungefähr bis August 1922 angewandt wurde, mag es sein Bewenden haben[1]).

Das Kurssicherungsverfahren geht von dem Grundsatz aus, man solle an Stelle der im Angebot genannten Marksumme eine mit dem Entwertungsfaktor der Mark vervielfältigte Marksumme bezahlen. Gewöhnlich rechnete man bei dem Verfahren über den Dollar. Die Tatsache, daß der Preis selbsttätig den Schwankungen des Kurses folgte, sowie die Einfachheit der Errechnung, hatte etwas Bestechendes für sich. Es zeigte sich indes, daß die reine Kursgleitung der Entwicklung der Gestehungskosten nicht gerecht wurde. Bei schnellerer Entwertung der Mark blieben letztere hinter dem Kurse zurück, bei langsamer Besserung oder beim Stillstand pflegten die Gestehungskosten weiter zu steigen, so daß ein Preis, der sich lediglich nach dem Kurse richtete, bei fallender Mark zu hoch, bei fester oder steigender Mark zu niedrig sein konnte. Die reine Kursgleitung als Preisvorbehalt und Zahlungsbedingung zu verwenden, schien somit unzweckmäßig. Man verwandte sie daher nur kombiniert mit anderen Verfahren[2]).

Schließlich wären noch als dritte und vierte Haupttypen das Auffüllungsverfahren II. Ordnung und das Abgeltungsverfahren in ihren wesentlichen Merkmalen zu umreißen. — Das Auffüllverfahren II. Ordnung unterscheidet sich vom Auffüllverfahren I. Ordnung hinsichtlich der Errechnung seiner Teuerungszuschläge. Angesichts der oben aufgestellten Mängel des geschilderten ersten Verfahrens und der vielen Streitigkeiten, die infolge seiner Anwendung entstanden, trotzdem es verschiedentlich modifiziert wurde, neigte man immer mehr zu der Ansicht, es sei richtiger, die Bewegung der Gleitpreise vermittels sogenannter Teuerungsfaktoren oder Ausgleichsätze zu regulieren. — Sie sollen von einem bestimmten Tage an gelten und von dem Verhältnis dieses Tages bezüglich des Materials, der Löhne und der Zuschläge aller Art ausgehen. Während nun von den Anhängern der Zahlungsbedingungen nach dem Auffüllverfahren verlangt wird, daß 1. die An- und Teilzahlungen entsprechend der Wirkung des Preisvorbehalts erhöht werden und 2. daß bei jeder Teilzahlung die Anzahlung und etwaige Teilzahlungen entsprechend der Wirkung des Preisvorbehalts aufgefüllt werden, wenden die Anhänger der Zahlungsmethode nach dem Abgeltungsverfahren gerade gegen diesen zweiten Punkt ein, jeder

---

[1]) Vgl. Bonte: Notleidende Aufträge im Maschinenbau nach der Material- und Lohnklausel. Maschinenbau u. Wirtschaft, 2. Jahrg. 1922, Heft 8.

[2]) Näheres siehe Goldrechnung im Maschinenbau, von Ingenieur Schulz-Mehrin, Wirtschaft vom 11. November 1923, Heft Nr. I.

Zahlung müsse die ihr am Zahltage innewohnende Kaufkraft zugrunde gelegt werden. Ohne uns mit dem pro und contra der beiden Verfahren zu beschäftigen, deren Berechtigung trotz heftiger Erörterungen nie einwandfrei entschieden wurde und auch wohl niemals entschieden werden kann, bringen wir im folgenden 14 Leitsätze über Zahlungsbedingungen und Preisvorbehalte im Maschinenbau, in denen die beiden Verfahren gründlich gegeneinander abgewogen werden[1]).

Leitsätze über Preisvorbehalte und Zahlungsbedingungen im Maschinenbau.

1. Preisvorbehalte, die die Änderung der Angebots- oder Bestellpreise nach den von den Verbänden aufgestellten Ausgleichsätzen oder Teuerungszuschlägen ermöglichen, sind Preisvorbehalten vorzuziehen, denen nur einzelne Teile der Selbstkosten, Materialpreise und Lohnsätze zugrunde liegen. Den Fachverbänden und Fachgruppen des Maschinenbaues wird empfohlen, solche Ausgleichsätze laufend aufzustellen und durch den V. d. M. A. veröffentlichen zu lassen.
2. Bei der Bemessung der Ausgleichsätze oder Teuerungszuschläge, die von einem bestimmten Tage an gelten sollen, ist von den Verhältnissen dieses Tages (Material, Lohn, Zuschläge aller Art) auszugehen. Schnelle Anpassung der Ausgleichsätze ist unerläßlich. Zu diesem Zwecke ist laufende Verfolgung der Preisverhältnisse durch Preiskurven für Devisen, Werkstoffe, Löhne und Gemeinkosten erforderlich.
3. Die Preisvorbehalte können anderseits auf zwei verschiedene Weisen benutzt werden:
   a) beim Auffüllverfahren wird der endgültige Preis nach den Verhältnissen des Ablieferungstages oder bestimmten Stichtages, gegebenenfalls mit Hilfe der Ausgleichsätze, festgesetzt. Die einzelnen Zahlungen werden auf den endgültigen Preis mit ihrem Nennwert angerechnet.
   b) beim Abgeltungsverfahren wird jede Teilzahlung derart berechnet, daß der entsprechende Teil des Bestellpreises in dem Verhältnis erhöht wird, in welchem der Teuerungsfaktor des Bestelltages zum Teuerungsfaktor des Zahltages steht.
4. Die besonderen Verlustmöglichkeiten, die durch die fortschreitende Geldentwertung entstehen können, sind folgende:
   a) Ausgleichsätze (siehe 3a) und Teuerungsfaktoren (siehe 3b) ändern sich periodisch, die Preisverhältnisse (Selbstkosten) täglich.
   b) Die Zahlungen können infolge der unvermeidlichen Zeitunterschiede zwischen Zahlungstag und Eingang der Zahlung entwertet werden.
   c) Die eingehenden Zahlungen können häufig nur in unzureichender Weise vor der Geldentwertung geschützt werden.
5. Die Verluste aus der Geldentwertung sind um so höher,
   a) je weniger Reihen- oder Massenfertigungen in Frage kommen, die eine laufende Versorgung mit Roh- und Werkstoffen und einen laufenden gleichmäßigen Eingang von Zahlungen ermöglicht;
   b) je mehr die Zeiten für Aufwendung von Material, Löhnen und Unkosten von dem ursprünglich vorgesehenen Fertigungsplan abweichen;
   c) je höher der einzelne Auftrag im Verhältnis zum Gesamtumsatz der Herstellerfirma ist.
6. Während beim Auffüllverfahren die Verlustmöglichkeiten durch die Auffüllung ausgeglichen werden, muß ihnen beim Abgeltungsverfahren durch entsprechend höhere Bemessung der Teuerungsfaktoren Rechnung getragen werden.

---

[1]) Aufgestellt vom Reichsverband der deutschen Industrie Februar 1923.

7. Das Abgeltungsverfahren wird besonders bei langfristigen großen Aufträgen in Frage kommen.
8. Beim Auffüllverfahren ist zu beachten, daß das finanzielle Ergebnis je nach der Lage der Zahlungstermine und nach der Höhe der einzelnen Zahlungen verschieden ausfällt. Die Ausgleichsätze für das Auffüllverfahren können nur für eine bestimmte Verbindung von Zahlungsterminen und Höhe der einzelnen Zahlungen bemessen sein.
9. Das Abgeltungsverfahren bietet den Vorteil, daß die Teuerungsfaktoren zu einer einigermaßen richtigen Nachrechnung verwendet werden.
10. Beim Abgeltungsverfahren muß der Besteller zugestehen:
   a) daß auch die Zahlungen nach der Lieferung sich entsprechend dem Teuerungsfaktor des jeweiligen Zahltages ändern;
   b) daß die Zahlungen nach Höhe und Zeitpunkt nach dem Ermessen des Lieferers abgerufen werden können (jedoch nicht früher, als dem vereinbarten Zahlungstage entspricht).
11. Bei Überschreitung der Zahlungsfristen, die vom Besteller zu vertreten sind, muß beim Auffüllverfahren — beim Abgeltungsverfahren liegt dies bereits im System — eine Erhöhung der Zahlungen nach dem Stande des Ausgleichsatzes am Zahltage gegenüber dem am Fälligkeitstage gefordert werden.
12. Außerdem müssen bei Überschreitung von Zahlungsfristen, die der Besteller zu vertreten hat, bei beiden Verfahren ortsübliche Bankzinsen, mindestens aber 5% über Reichsbankdiskont, gezahlt werden.
13. Soweit Unterlieferern die Auffüllung der von ihnen geleisteten Zahlungen bewilligt werden muß, muß ein entsprechender Teil des Gesamtpreises aufgefüllt werden.
14. Bei eintretender Markbesserung ergibt die Anrechnung früher geleisteter Zahlungen mit ihrem Nennwert (Auffüllverfahren) unter Umständen, daß im weiteren Verlaufe des Geschäftes überhaupt keine weiteren Zahlungen mehr gefordert werden können, falls nicht eine besondere Klausel hier vorgesehen ist.

Auf Grund dieser Leitsätze kristallisierten sich u. a. zwei Vorschläge für Preisvorbehalte und Zahlungsbedingungen heraus: 1. für Goldmarkrechnung und Abgeltungsverfahren und 2. für Papiermarkrechnung mit Kursgleitung und Abgeltungsverfahren, Vorschläge, die vom Verein deutscher Maschinenbauanstalten Oktober 1923 aufgestellt wurden und von denen der erste noch heute Gültigkeit besitzt[1]).

Mit der Wiedergabe der Leitsätze für Preisvorbehalte und Zahlungsbedingungen wollen wir die Erörterung über diesen Fragenkomplex beschließen[2]).

Rückblickend auf den Ausschnitt aus der Fülle der Erscheinungen (den wir nicht unabsichtlich ohne große Kommentare möglichst nach dem Originaltext gaben) haben wir nunmehr ganz allgemein Stellung zu nehmen zu jener verworrenen Periode der Gleitpreise unter Berücksichtigung der Konkurrenzfähigkeit des deutschen

---

[1]) Der Abdruck dieser Preisvorbehalte würde zuviel Raum in Anspruch nehmen, außerdem ist seine Anwendung bei den einzelnen Fachverbänden nicht obligatorisch.

[2]) Näheres über die Fragen, deren Andeutung für unsere Untersuchungen der Exportmöglichkeiten zur Erklärung der gegenwärtigen Lage der Preise und Zahlungsbedingungen vollauf genügt, siehe Schulz-Mehrin: Goldrechnung im Maschinenbau a. a. O., Anm. 1, S. 112; außerdem Schreibmayr: Preisbildung im Maschinenbau unter Berücksichtigung der Geldentwertung. Maschinenbau und Wirtschaft, 2. Jahrg., Heft 15.

Maschinenfabrikanten auf dem Weltmarkte während dieser Zeitspanne. Zieht man in Erwägung, daß es während der Inflationsperiode zwölf Fachverbände für den Maschinenbau gab, von denen jeder mindestens zwei Leitsätze für die Aufmachung der Preisvorbehalte und Zahlungsbedingungen seinen Mitgliedfirmen an die Hand gab (deren Anwendung bis zu gewissen Grenzen sogar obligatorisch war), bedenken wir weiter, daß diese dann 24 Leitsätze oder Beispiele die Leiter sowie die Kalkulatoren der einzelnen Fabriken zu allen erdenklichen Kombinationen und Verfeinerungen reizten, so kommt man schließlich unter der Berücksichtigung, daß es keinen Preisvorbehalt, keine Zahlungsbedingungen gab, die einer Kritik standzuhalten vermochten, zu der Feststellung: Die Fülle der Preisvorbehalte und Zahlungsbedingungen hatten alle folgendes gemeinsam: 1. sie basieren auf keinen festen unanfechtbaren Zahlen; 2. ihre Aufmachung geschah nicht mehr lediglich zum Zwecke einer Selbstkostenfeststellung für den Unternehmer, für die Bilanz des Werkes, sie hatte vielmehr den Käufer zu überzeugen, daß die durch den Preisvorbehalt und die Zahlungsbedingungen bedingte schließliche Endsumme in der tatsächlichen Entwicklung der Konjunkturlage begründet war und ihr entsprach; 3. sie zeitigten, da hinsichtlich des zweiten Punktes nicht immer Übereinstimmung erreicht werden konnte, eine Fülle von Lieferstreitigkeiten.

Es scheint uns offenkundig, daß die ausländische Kundschaft des deutschen Maschinenbaues, soweit ihr derlei Preisvorbehalte gemacht wurden, da sie sich in keiner Zwangslage, kaufen zu müssen, befand, öfter von dem deutschen Angebot zurückschrecken mußte, wenn ihr nicht der pekuniäre Vorteil trotz aller Umständlichkeit groß genug erschien. In Erwägung dessen war man bereits seit Ende 1922 bestrebt, für die ausländische Kundschaft zu Festpreisen überzugehen, und zwar zur Stellung des Angebotspreises in hochwertigen Valuten[1]). Der Unternehmer, der von der Kalkulation auf fester Zahlenbasis zur Spekulation mit kalkulatorischer Grundlage übergegangen war, hatte durch die gänzlich undurchsichtigen Inflationspreise, die auf den Gestehungskosten im Inland basierten, die Möglichkeit, im Auslande zeitweise konkurrenzlos anzubieten, eine Tatsache, die ja aus dem Vergleiche der Entwicklung der Rohstoffpreise und Löhne in Deutschland und England ohne weiteres hervorgeht; mit anderen Worten: die Exportmöglichkeiten für den Maschinenbau waren, wie schon an anderen Orten betont, bezüglich der Preisgestaltung während der Inflationszeit äußerst günstig. Ohne auf das Problem der Scheingewinne näher einzugehen, möchten wir nur auf folgende Überlegung hinweisen: die Behauptung, die meisten Gewinne aus der Inflationszeit seien Scheingewinne gewesen, besteht doch nur dann zu Recht, wenn man zu beweisen vermag, daß die erzielten Preise in Gold unter den Selbstkosten zuzüglich der notwendigen Kapitalverzinsung gelegen haben. Derlei Beweise dürften schwerlich und selten einwandfrei gelingen. Um uns aber doch wenigstens ein Bild zu machen über die Maschinenpreisentwicklung und ihr

---

[1]) Vgl. zweiter Teil, Kap. I, S. 77.

Verhältnis zur Lohn- und Rohstoffpreisentwicklung, sei folgende Betrachtung eingeschaltet: Wenn man den Friedenspreis einer Maschine mit einem jeweils gültigen Gesamtteuerungsfaktor[1]) multipliziert, so kommt man auf den jeweils gültigen Papiermarkpreis, dividiert man diese Zahl durch den Entwertungsfaktor der Mark, am Dollar gemessen, so kommt man auf den jeweils gültigen Goldmarkpreis. Es ist uns weiterhin dann möglich, den erhaltenen Preis in Prozenten des Vorkriegspreises auszudrücken. Nehmen wir einmal als Gesamtteuerungsfaktor aus verschiedenen Gründen[2]) den Großhandelsindex, so kommen wir zu folgender Berechnung:

Tabelle zur Gewinnung eines Überblicks über die Höhe der Inflationspreise, in Gold umgerechnet.

Errechnungsformel: $\dfrac{FP \cdot GF}{EF}$

FP = Friedenspreis,
GP = Gesamtteuerungsfaktor (Großhandelsindex),
EF = Entwertungsfaktor der Mark, am Dollar gemessen.

Monat	Umrechnungsformel	In Gold umgerechneter Inflationspreis	% des Vorkriegspreises	% des Vorkriegslohnes
1920 Januar	$\dfrac{2550 \cdot 12,56}{15,2}$	2107,—	82,62	
April	$\dfrac{2550 \cdot 15,67}{14}$	2854,17	111,92	
Juli	$\dfrac{2550 \cdot 13,67}{9\,4}$	3708,98	145,43	
Oktober	$\dfrac{2550 \cdot 14,66}{16,1}$	2322,03	91,06	
Dezember	$\dfrac{2550 \cdot 14,40}{17,3}$	2122,72	83,24	
1921 Januar	$\dfrac{2550 \cdot 14,39}{15,5}$	2367,42	92,84	
April	$\dfrac{2550 \cdot 13,26}{15,1}$	2239,16	87,81	
Juli	$\dfrac{2550 \cdot 14,28}{18,2}$	2000,73	78,46	
Oktober	$\dfrac{2550 \cdot 24,60}{34,4}$	1823,50	71,51	
Dezember	$\dfrac{2550 \cdot 34,87}{45,5}$	1954,32	76,64	

[1]) Vgl. Hugo: Gesamtteuerungsfaktor im Maschinenbau. Maschinenbau und Wirtschaft, 2. Jahrg., Heft 25/26.

[2]) Der Großhandelsindex scheint uns als neutraler und anerkannter Index für unseren Versuch, lediglich ein Bild zu gewinnen (ein abschließendes Urteil kann man, wenn überhaupt, im Rahmen dieser Untersuchung keineswegs fällen), richtiger als der Index einer Fachverbandgruppe, der auch angezweifelt wird und der sich im übrigen mit dem Großhandelsindex in annähernd gleicher Richtung bewegt.

Monat	Umrechnungsformel	In Gold umgerechneter Inflationspreis	$^0/_0$ des Vorkriegs-preises	$^0/_0$ des Vorkriegs-lohnes
1922 Januar	$\dfrac{2550 \cdot 36,65}{45}$	2 076,83	82	37
Februar	$\dfrac{2550 \cdot 41,03}{50}$	2 092,53	82	37
März	$\dfrac{2550 \cdot 54,33}{56,5}$	2 052,46	80	28
April.	$\dfrac{2550 \cdot 63,55}{69}$	2 348,58	92	rd. 30
Mai	$\dfrac{2550 \cdot 64,58}{71}$	2 319,42	91	41,5
Juni	$\dfrac{2550 \cdot 70,30}{77}$	2 328,11	91	37
Juli	$\dfrac{2550 \cdot 100,59}{127}$	2 019,72	79	25,4
August	$\dfrac{2550 \cdot 192,02}{282}$	1 736,35	68	25,6
September . . .	$\dfrac{2550 \cdot 286,98}{354}$	2 067,22	81	24,8
Oktober	$\dfrac{2550 \cdot 566,01}{890}$	1 621,80	63,6	16
November . . .	$\dfrac{2550 \cdot 1151,01}{1706}$	1 721,25	67,5	13,55
Dezember. . . .	$\dfrac{2550 \cdot 1474,79}{1805}$	2 083,35	81,70	19,60

Tabelle zur Gewinnung eines Überblicks über die Entwicklung der englischen Preise für dieselbe Maschine.

Errechnungsformel: $\dfrac{\text{FP} \cdot \text{GF} \cdot \text{EF}_1}{\text{EF}}$

FP = Friedenspreis
GF = Engl. Großhandelsindex
EF_1 = Entwertungsfaktor der Mark am Pfund
EF = siehe Tabelle auf S. 123.

Monat	Umrechnungsformel	Englischer Preis in Goldmark	$^0/_0$ des Vorkriegs-preises	$^0/_0$ des Vorkriegs-lohnes
1920 Januar	$\dfrac{2550 \cdot 2,89 \cdot 9,9}{15,2}$	4 799,87	188,23	
April	$\dfrac{2550 \cdot 3,06 \cdot 11}{14}$	6 130,97	240,43	
Juli	$\dfrac{2550 \cdot 2,92 \cdot 7}{9,4}$	5 544,98	217,45	
Oktober. . . .	$\dfrac{2550 \cdot 2,66 \cdot 12}{16,1}$	5 055,63	198,26	
Dezember. . .	$\dfrac{2550 \cdot 2,20 \cdot 13}{17,3}$	4 215,66	165,32	

Monat	Umrechnungsformel	Englischer Preis in Goldmark	% des Vorkriegspreises	% des Vorkriegslohnes
1921 Januar	$\dfrac{2550 \cdot 2{,}09 \cdot 12}{15{,}5}$	4126,16	161,81	
April	$\dfrac{2550 \cdot 1{,}83 \cdot 12}{15{,}1}$	3708,47	145,43	
Juli	$\dfrac{2550 \cdot 1{,}78 \cdot 14}{18{,}2}$	3491,46	136,92	
Oktober	$\dfrac{2550 \cdot 1{,}70 \cdot 27}{34{,}4}$	3402,47	133,43	
Dezember . . .	$\dfrac{2550 \cdot 1{,}62 \cdot 37}{45{,}5}$	3359,37	131,74	
1922 Januar	$\dfrac{2550 \cdot 1{,}59 \cdot 39}{45}$	3513,90	138,—	165
Februar . . .	$\dfrac{2550 \cdot 1{,}58 \cdot 45}{50}$	3626,10	142,—	165
März	$\dfrac{2550 \cdot 1{,}60 \cdot 61}{67{,}5}$	3687,10	145,—	168
April	$\dfrac{2550 \cdot 1{,}59 \cdot 63}{69}$	3701,93	145,—	166
Mai	$\dfrac{2550 \cdot 1{,}62 \cdot 64}{71}$	3723,71	146,—	164
Juni	$\dfrac{2550 \cdot 1{,}63 \cdot 705}{77}$	3778,63	148,—	165
Juli	$\dfrac{2550 \cdot 1{,}63 \cdot 115}{127}$	3763,75	148,—	166
August	$\dfrac{2550 \cdot 1{,}58 \cdot 253}{282}$	3614,67	142,—	165
September . .	$\dfrac{2550 \cdot 1{,}56 \cdot 320}{354}$	3595,93	141,—	164
Oktober	$\dfrac{2550 \cdot 1{,}58 \cdot 810}{890}$	3666,90	143,80	160
November . .	$\dfrac{2550 \cdot 1{,}59 \cdot 1587}{1706}$	3771,45	147,90	164
Dezember . . .	$\dfrac{2550 \cdot 1{,}58 \cdot 1770}{1805}$	3949,95	154,90	168

In den Jahren 1920—22 konnten außer in den Monaten April und Juli 1920 durchweg Preise unter dem Vorkriegsstand getätigt werden. Ein Blick, den wir nochmals auf die Lohn- und Materialkurven werfen, rechtfertigt — berücksichtigen wir das Vorkriegsverhältnis vom Material zum Lohn — das durch die obige Berechnung gewonnene Bild[1]),

---

[1]) Zum Vergleiche geben wir in einer letzten Spalte den deutschen Lohn in den jeweiligen Monaten, ausgedrückt in Prozenten des Vorkriegslohnes, wieder. Genauere Vergleiche sind unzweckmäßig, da die Maschinenpreise und die Rohstoffpreise und Löhne nicht auf der gleichen Rechnungsbasis liegen, für eine Schätzung scheint uns aber ein Nebeneinanderstellen statthaft.

Selbstkostenbestandteil Kostenart	1914 Anteil an den Selbstkosten bezogen auf		Dezember 1923					Mitte Februar 1924				
			Vielfaches gegenüber 1914			Anteil ×Vielfaches 2×5	Prozentualer Anteil an den Selbstk.	Vielfaches gegenüber 1914			Anteil ×Vielfaches 2×10	Prozentualer Anteil an den Selbstk.
	100	1	preis-mäßig	mengen-mäßig	im ganzen 3×4			preis-mäßig	mengen-mäßig	im ganzen 8×9		
	1	2	3	4	5	6	7	8	9	10	11	12
1. Werkstoffe	35	0,35	2,0	1,1	2,2	0,77	42,0	1,4	1,1	1,54	0,55	36,0
2. Hilfsstoffe	10	0,10	2,0	1,2	2,4	0,24	13,0	1,8	1,2	2,16	0,22	14,2
3. Fertigungslöhne (produktive L.)	25	0,25	1,0	1,1	1,1	0,28	15,0	0,95	1,1	1,05	0,26	17,0
4. Hilfslöhne (unproduktive L.)	6	0,06	1,1	1,5	1,7	0,11	6,0	1,0	1,5	1,50	0,09	6,0
5. Gehälter	8	0,08	0,7	1,5	1,0	0,08	4,5	0,7	1,4	1,00	0,08	5,2
6. Abschreiben der Anlage	4	0,04	2,0	1,5	3,0	0,12	6,5	1,4	1,5	2,10	0,08	5,2
7. Verzinsung der Anlage und des umlaufenden Kapitals	2	0,02	2,0	2,0	4,0	0,08	4,5	3,0	1,5	4,50	0,09	6,0
8. Werbekosten (Reklame)	5	0,05	2,0	0,7	1,4	0,07	4,0	1,4	1,0	1,40	0,07	4,5
9. Frachten, Steuern, Verschiedenes	5	0,05	—	—	1,6	0,08	4,5	—	—	1,80	0,09	6,0
	100%	1,00				1,83	100%				1,54	100%

das heißt, die gemachte Berechnung gestattet eine ungefähre Schätzung der Preisschwankungen während der Inflationszeit[1]).

Nach diesem Rückblick in die Vergangenheit, der uns die Konkurrenzfähigkeit und Exportmöglichkeiten der deutschen Maschinen während der Inflationszeit trotz aller Schwierigkeiten zeigen sollte, mögen uns nunmehr einige Ziffern über die gegenwärtige Preislage, sowie die Änderung der Selbstkosten im deutschen Maschinenbau unterrichten.

Die gegenwärtigen Zahlungsbedingungen für das Ausland und Inland nähern sich dem Vorkriegsstand, und als Rest jener Gleitpreisperiode blieb lediglich das unsichere Zahlenfundament für die jetzigen Goldkalkulationen. Man hatte den Boden unter den Füßen verloren und sah zu, daß man im Inflationsstrom oben blieb. — Mit der Markstabilisierung galt es Grund zu suchen, galt es wieder aufzubauen — und endlich — galt es im Vergleiche mit dem Ausland den möglichen Preis wieder zu finden, das heißt zu erkennen, wieweit man noch wettbewerbsfähig sei. Setzt man den Friedenspreis = 100, so fand man um die Wende des Jahres doch immerhin eine Preissteigerung in Gold um 100 %, die eine ernste Gefährdung der Exportmöglichkeiten befürchten ließ. Handelte es sich doch bei den Steigerungen immer um Abwerkpreise, die durch die gesteigerten Fracht-

[1]) Man kann die Ziffern für 1922 sogar als Höchstziffern annehmen.

sätze und andere Zuschläge wesentlich erhöht wurden. Es setzte die anderwärts bereits geschilderte Preissenkung ein[1]), die ermöglichte, heute wieder mit dem 1,2—1,5fachen Friedenspreis zu produzieren. — Schulz-Mehrin, dessen Selbstkostentabelle wir im folgenden besprechen, setzte die Selbstkostensteigerung auf das 1,54fache (für Februar 1924), für Dezember 1923 auf das 1,83fache[2]). Auf Grund sehr eingehender Untersuchungen kommt er zu der nebenstehenden Tabelle (s. S. 126) über die Änderung der Selbstkosten im Maschinenbau.

Wie aus der Tabelle ersichtlich ist, unterscheidet Schulz-Mehrin bei der Änderung der Selbstkosten gegenüber 1914 eine preismäßige Änderung und eine mengenmäßige Änderung der Selbstkosten. Die erstere ist bedingt durch die Änderung der Rohstoffpreise, der Löhne, Gehälter usw., letztere durch die Änderung der Erzeugungsverhältnisse (Einführung des Achtstundentags, Vermehrung der unproduktiven Arbeit). Unter Berücksichtigung dieser beiden Faktoren kommt er zu seinen dargelegten Zahlenergebnissen, die wir, da sie uns im Vergleich mit unseren andernorts aufgeführten Daten (siehe Lohnkurve) etwas zu hoch angesetzt erscheinen, als die Höchstgrenze der Steigerung bezeichnen möchten, die gegenwärtig bei einer Maschine, deren prozentuale Zusammensetzung der Selbstkosten der oben angeführten gleichkommt, angenommen werden kann.

Unsere Behauptung, daß die Selbstkostensteigerung im Maschinenbau Februar 1924 das 1,2—1,5fache des Friedenspreises betrage, kann somit aufrechterhalten werden. Sie wird noch erhärtet durch zwei Kalkulationsbeispiele, die uns durch einen Vergleich der jeweiligen Positionen mit dem Friedensstande Aufschluß über die Selbstkostenentwicklung der Gegenwart geben.

Eine fertigbearbeitete Dieselmotoren-Kurbelwelle,
vierfach gekröpft.

Schmiedegewicht 4720 kg.
Fertiggewicht 1930 kg.
Mat. S. m. St. 35—60 kg/qmm Festigkeit.
18% Mindestdehnung.

	1. Juli 1914	1. Februar 1924
1. Materialkosten bei 140% Einsatz, 32,5% Schrottausfall und 7,5% Abbrand	491,— M.	665,— M.
2. Schmiedekosten: Lohn	83,— ,,	62,— ,,
Zuschlag	332,— ,,	545,— ,,
Lohn + Zuschlag . .	415,— M.	607,— M.
3. Glühkosten	38,— M.	66,— M.
4. Bearbeitungskosten: Lohn	445,— M.	355,— M.
Zuschlag	685,— ,,	800,— ,,
Lohn × Zuschlag	1130,— M.	1155,— M.

---

[1]) Siehe Schulz-Mehrin a. a. O., S. 119, u. Messeheft (10) Febr. 1924, Maschinenbau u. Wirtschaft.
[2]) Siehe Kap. III: Lohn- und Rohstoffentwicklung.

		2074,— M.	2493,— M.
Gestehungskosten		2074,— M.	2493,— M.
5. Generalunkosten		374,— „	250,— „
		2448,— M.	2743,— M.
6. Vertreterprovision		245,— „	275,— „
7. (Nur bei Lieferungen ins unbesetzte Gebiet) Micumabgabe			30,— „
8. Einkommensteuer			30,— „
9. (Nur bei Inlandslieferungen) Warenstempel			75,— „
Insgesamt		2693,— M.	3153,— M.
10. Abspänewert		105,— „	100,— „
Selbstkosten		2588,— M.	3053,— M.[1]

Ein fertiggearbeiteter Presseständer

Material: Stahlguß.
Rohgewicht: 28 000 kg.
Fertiggewicht: 26 800 kg.

	1. Juli 1914	1. Februar 1924
1. Kosten des Gußstückes, nach Modell geformt	5040,— M.	6818,— M.
2. Bearbeitungskosten: Lohn	256,— M.	198,— M.
Zuschlag	487,— „	603,— „
Lohn + Zuschlag	743,— „	801,— „
Gestehungskosten	5783,— M.	7619,— M.
3. Generalunkosten	1042,— „	762,— „
	6825,— M.	8381,— M.
4. (Nur bei Lieferungen ins unbesetzte Gebiet) Micumabgabe.		84,— „
5. Einkommensteuer.		84,— „
6. (Nur bei Inlandslieferungen) Warenstempel		210,— „
Insgesamt	6825,— M.	8759,— M.
7. Ab Spänewert	45,— „	43,— „
Selbstkosten	6780,— M.	8716,— M.
	1914	1924
Zu 1. Stahlpreis des Glühstückes	2800,— M.	4098,— M.
Formerlöhne	250,— „	220,— „
Zuschlag	750,— „	880,— „
	1000,— M.	1100,— M.
Verputzen (Lohn + Zuschlag) . . .	850,— „	970,— „
Glühen	170,— „	370,— „
Richten, Schweißen, Ausmessen . .	220,— „	280,— „
	5040,— M.	6818,— M.

Schließlich bringen wir noch eine Übersicht über die Entwicklung
der Materialpreise, Löhne und Unkosten im März, April und Mai 1924

---

[1] Bemerkungen zum ersten Kalkulationsbeispiel: In den Zuschlägen der
Schmieden und Bearbeitungswerkstätten, die sehr hoch erscheinen, sind
u. a. enthalten: Dampf (Arbeits- und Heizungsdampfkosten), elektrische
Stromkosten, Kosten für Maschinen und Kräne, Hilfsarbeiterlöhne (diese
sind in der Nachkriegszeit prozentual zu den Facharbeiterlöhnen stärker
gestiegen, wodurch die Zuschläge höher wurden), Gehälter der Betriebs-
beamten, Schmiermittel, Amortisation der Einrichtungen, Reparaturen usw.
Der Verkaufspreis liegt zum Teil heute erheblich unter den Selbstkosten,
je nachdem das Werk um Aufträge verlegen ist.

mit der Vergleichsbasis vom November 1923. Die Tabelle zeigt einen Preisstillstand für den wichtigsten Hilfsstoff — die Kohle — und eine Preissteigerung für Stabeisen, Kupfer und Zinn, hingegen bei den anderen Rohstoffen ein leichter Rückgang zu bemerken ist. Auch in den Unkostenzuschlägen ist ein leichter Rückgang des Prozentsatzes bemerkbar.

Vergleichende Übersicht über Materialpreise, Löhne und Unkosten.

Alle Preise in Goldmark je kg ohne Fracht, Handelszuschlag und sonstige Bezugskosten (Werkpreise).

	Preise:			
	31. 12. 23	1. 3. 24	1. 4. 24	1. 5. 24
1. Gußeisen (einfache Stücke) von 20 bis 25 kg	0,44	0,33	0,33	0,34
2. Stahlformguß (einf. Stücke)	0,65	0,59	0,57	0,60
3. Temperguß (einf. Stücke ohne Qualitätsanspr.)	1,05	0,81	0,80	0,80
4. Stabeisen	0,145	0,130	0,150	0,160
5. Mittelblech 3 mm	0,195	0,165	0,175	0,180
6. Kupfer Raffinade	1,15	1,18	1,21	1,17
7. Zinn Hüttenerz	4,30	5,28	4,95	4,58
8. Rotguß	3,00	2,34	2,40	2,35
9. Lagerweißmetall	4,20	4,54	4,20	4,00
10. Ruhrfettförderkohle per Tonne	21,00	21,00	21,00	21,00
11. Stundenlohn	0,50	0,40	0,50	0,52
12. Materialunkosten als Zuschlag zum Materialpreis	7 %	7,5 %	7,2 %	7 %
13. Werkstattunkosten (Lohnzuschlag)	250 %	240 %	235 %	230 %
14. Vertriebs- und Verwaltungskosten (Zuschlag zu den Herstellungskosten)	18 %	20 %	20 %	20 %
Änderung der gesamten Selbstkosten	1,2			

Im Anschluß an die Berechnungen der Gestehungskosten, die zu einem Abwerkpreis führen, möchten wir nochmals feststellen, daß der deutsche Maschinenbau hinsichtlich der gegenwärtigen Höhe seiner Gestehungskosten konkurrenzfähig erscheint. Die Hemmungen liegen heute wie zur Inflationszeit — abgesehen von dem letzten Vierteljahr 1923 — weniger in den Preisen der Löhne und Rohstoffe, eine Tatsache, die aus allen bislang gemachten Untersuchungen belegt werden kann[1]), sondern es sind vielmehr andere Punkte anzuführen, die zur Zeit noch unerwünschte Hindernisse für die Exportsteigerung bilden, deren Be-

---

[1]) Wenn auch ein Preisabbau der Rohstoffe und vor allem der Kohle sehr erwünscht ist, so liegen doch in der gegenwärtigen Höhe dieser Preise unserer Ansicht nach nicht die Hauptschwierigkeiten für den Maschinenexport. Grundbedingung ist freilich, daß die Produktion nicht gedrosselt wird.

seitigung aber durchaus im Rahmen der Möglichkeit liegt und tunlichst bald erfolgen muß, Punkte, die deshalb, als Forderungen aufgestellt, Grundlagen des nächsten und letzten Kapitels werden sollen.

V. Vorschläge zur Hebung des Maschinenexports.

Aus dem bisher Gesagten soll uns als Gesamteindruck übermittelt werden: Der deutsche Maschinenexport nach dem Kriege bis zur Jetztzeit hat, obzwar er zeitweise großen Behinderungen ausgesetzt war und noch ist, sich trotz aller Schwierigkeiten behaupten können, und die wirtschaftliche Situation, in der sich die Maschinenindustrie momentan (Stand Anfang Juli 1924) befindet, gestattet die Annahme, daß der deutsche Maschinenexport weiterhin auf ansehnlicher Höhe bleiben wird. Freilich scheint es uns wichtig, daß das Wissen von den Behinderungen, denen die Maschinenausfuhr ausgesetzt ist, in weitere Kreise dringe, damit die Hemmungen, deren Beseitigung nicht restlos von dem Bestreben des Maschinenfabrikanten abhängt (wir erinnern uns der Zollmehrbelastungen!), von maßgebender Stelle aus bekämpft werden. Es ließen sich bei dem Versuche, praktische Vorschläge zur Hebung der Exportfähigkeit zu geben, etwa folgende Postulate aufstellen:

1. Es ist mit allen Mitteln auf die Beseitigung oder Milderung der dargelegten Sperrmaßnahmen und Mehrbelastungen hinzuwirken. Zu diesem Zwecke ist neben den Aufgaben, die der Regierung zur Erreichung dieses Zieles erwachsen, auch seitens des deutschen Maschinenfabrikanten unermüdlich Aufklärungsarbeit zu leisten, und zwar soll er vor allem seinen ausländischen Kunden unterrichten über die Mehrbelastung, die ihm erwächst, wenn er deutsche Maschinen zu kaufen gewillt ist. Er soll ihn aufklären über die Rente, die durch die Mehrbelastungen bei geregelten Währungsverhältnissen des belasteten Landes für das nicht belastete Wettbewerbsland ersteht, und die ihren zahlenmäßigen Ausdruck findet in dem hohen Preise, der seinerseits Urheber vieler ungesunder Verhältnisse ist.

2. Der deutsche Unternehmer wird seine Exportfähigkeit heben, wenn er bezüglich seiner Fabrikationstechnik und Betriebsorganisation sich dem Fortschritte anzupassen imstande ist. Das Ventil, durch niedrige Löhne sich die Exportfähigkeit zu erhalten, kann nur als ein Notbehelf angesehen und als solcher gerechtfertigt werden, um in der dadurch geschaffenen Atempause die wesentlich weitere amerikanische Produktionstechnik aufzuholen.

3. Die Qualität des Fabrikates muß gehoben werden. Der Herkunftsstempel „made in Germany" darf keinesfalls im Reuleauxschen Sinne[1]) die deutsche Ware als „billig und schlecht" charakterisieren. Einer Amerikanisierung der Maschinen — leichter Bau und billige Arbeit — muß entgegengewirkt und der Stempel „made in Germany" wieder zum Ehrentitel erhoben werden.

---

[1]) Prof. Reuleaux bezeichnete im Jahre 1876 in seinen Briefen aus Philadelphia die deutschen Erzeugnisse als billig und schlecht, ein Urteil, das einen Sturm der Entrüstung in den Industriekreisen hervorrief, und das den deutschen Unternehmer zur Qualitätsleistung anspornte.

Inflation gestatteten es die billigen Preise, die von den deutschen Werken
gefordert wurden, dem ausländischen Käufer, die Lasten der Zoll- und
Frachtspesen und die sich daraus etwa ergebenden Schwankungen zu
übernehmen. Heute, wo die deutschen Preise annähernd auf Welt-
parität stehen, wird diese Übernahme nicht immer zu erreichen sein,
und es ist erforderlich, um mit den Angeboten des Auslandes in Wettbewerb treten zu können, sich in der Form ihnen anzupassen [1]).

5. Dem ausländischen Käufer ist des weiteren in den Zahlungsbedingungen entgegenzukommen. — Wie in den Vorkriegsjahren ist dem
ausländischen Kunden wieder Kredit einzuräumen, müssen ihm wieder
feste Preise gestellt werden, von denen der Lieferant keinesfalls abweichen darf. Sicherlich ist die Beschaffung des notwendigen Gegenkredits für den deutschen Unternehmer zur Zeit sehr schwierig, indes
kann diese Tatsache nicht als unabänderlich hingenommen werden.
Man muß Mittel und Wege finden, um langfristige Kredite geben zu
können. Daß bei der gegenwärtigen Kreditnot der deutschen Industrie [2]),
Kundenkredite ad libitum nicht möglich sind, bedarf keiner weiteren
Erörterung. Die Kreditfrage — oder, um bei unserem Gedankengang
zu bleiben, die Frage des Gegenkredits — hat sich für die deutsche
Industrie immer mehr zu einer Lebensfrage entwickelt. — Der Ein-
fall fremden Kapitals in die bislang grundsätzlich rein deutschen Unternehmungen erscheint uns jetzt schon sehr bedenklich und die Tendenz,
die deutsche Kohlen- und Eisenindustrie durch Schaffung von internationalen Kohlen- und Eisenpols zu entdeutschen, ist augenscheinlich
stark. Die Preise, die dann die deutsche weiterverarbeitende Industrie
diktiert bekäme, würden ihre Selbständigkeit als Wirtschaftsfaktor
vernichten. Nur gesteigerter Export vermag uns aus der gefährlichen
Lage zu bringen. Er ist allerdings zur Zeit lediglich mit langfristigen
Krediten möglich. — Auch die Frage des Gegenkredits für die deutsche
Industrie muß somit im Interesse der Erhaltung der deutschen Wirtschaft baldigst gelöst werden.

6. Die häufigere Beschickung ausländischer Ausstellungen ist
wieder zu erstreben, damit der Käufer im eigenen Lande sich von der
Güte deutscher Erzeugnisse überzeugen kann. Die Pflege und Ausgestaltung technischer Messen in Deutschland ist unbedingt erforderlich.

7. Der deutsche Unternehmer muß, wie vor dem Kriege, zwecks
Beurteilung seiner eigenen Wettbewerbsfähigkeit über die Lage im
Auslande umfassend orientiert sein. Er muß die Preisfaktoren und die
Angebotspreise seiner Konkurrenten kennen und muß diesen Ziffern

---

[1]) Vgl. Dr.-Ing. v. Klemperer: Hebung der deutschen Maschinenausfuhr. Maschinenbau und Wirtschaft, 1924, Heft 8, III. J.

[2]) Vgl. Bücher: Das Sachverständigen-Gutachten und die deutsche
Industrie. (Vortrag, gehalten auf der Hauptversammlung des Vereins
deutscher Maschinenbau-Anstalten, Mai 1924.)

seine Kalkulation auzupassen suchen. Mit der Aufstellung der sieben Postulate möge es sein Bewenden haben.

Noch mancher Punkt ließe sich anführen. — Auf die Frage der Steuerpolitik und ihre Auswirkung in der Maschinenindustrie und das im Jahre 1923 zeitweise recht gespannte Verhältnis zwischen rohstofferzeugender und rohstoffverarbeitender Industrie näher einzugehen, mußten wir uns versagen, zumal in dem wirtschaftspolitischen Rahmen schon zahlreiche Fragen verschiedenster Art hineingepaßt werden mußten.

Vielmehr scheint es uns richtiger, die Frage der Exportmöglichkeiten durch eingehendere Untersuchngen über Zollmehrbelastungen geklärt zu haben. Die Erkenntnis der Benachteiligung Deutschlands, die wir durch die Darlegung der Handelspolitik der einzelnen Länder nachgewiesen und an verschiedenen Maschinen zahlenmäßig belegt haben, erhebt über die Fachkreise des Maschinenbaues hinaus einen Anspruch auf Beachtung: Zwar geben wir nur Unterlagen über die Belastung eines Zweiges der deutschen Industrie, denken wir uns aber diese Untersuchungen für die Hauptindustrien durchgeführt, so haben wir die festen Belege für die Tatsache, daß Deutschlands Industrie heute durch die Handels- und Zollpolitik des Auslandes gleichsam von einer vielgliedrigen Kette umschnürt ist, die einen neuen industriellen Aufschwung verhindern soll. Neben den vielen Belastungen wirkt gerade die Fessel durch Zollmehrbelastungen besonders drückend, zeigt sie doch — ganz abgesehen von dem effektiven Gewichte — die Tatsache: Deutschland muß sich heute noch von jedweden Ländern eine differenzierte Behandlung gefallen lassen.

Darum möchten wir zum Schluß bemerken: Wie auch immer die Exportmöglichkeiten der deutschen Maschinenindustrie sich im gegenwärtigen Jahre entwickeln mögen, die Aufhebung der einseitigen Zollmehrbelastungen, deren ungerechtfertigte Beibehaltung wir unter Verfolgung der Wirtschaftsentwicklung im Maschinenbau während der letzten vier Jahre dargelegt zu haben glauben, ist eine Forderung, deren Erfüllung nach der Lage der deutschen Wirtschaft und Industrie — insbesondere der Maschinenindustrie — Deutschland unbedingt und ohne große Kompensationen gewährt werden müßte, wenn anders nicht das Wort von der Gleichberechtigung der Völker im internationalen Handel auch weiterhin nur leerer Schall bleiben soll.

Literaturverzeichnis.

van der Borght: Handel und Handelspolitik 1907.
Glier: Die Meistbegünstigungsklausel 1905.
Goldschmidt: Die Wirtschaftsorganisation Sowjet-Rußlands 1920.
Die Hauptindustrien Belgiens. Herausgegeben von der Landesstelle für Rohstoffversorgung 1918.
Horstmann: Handelsverträge und Meistbegünstigung.
Keynes: Die Revision des Friedensvertrages.
— Die wirtschaftlichen Folgen des Friedensvertrages.
Kjellen: Die Großmächte der Gegenwart.
Lotz: Die Ideen der deutschen Handelspolitik 1860—1891.
— Deutschlands zukünftige Handelspolitik 1901.
Martens, Amandus F. M.: Wirtschaftsmonographien wichtiger Handelsstaaten. Bd. I, II, IV: Italien, Spanien, Lateinamerika.
Norman Angell: Das wirtschaftliche Chaos in Europa.
Peiser: Grundlagen der Betriebsberechnung in Maschinenbauanstalten. 2. Aufl. Berlin: Julius Springer 1923.
Die Zollsysteme der wichtigeren Handelsstaaten (Industrie- und Handelstag 1922).

Amtliche Veröffentlichungen:

Anuario Estadistico de España Año VIII 1921—22.
Annuaire de la Pologne. Herausgegeben von J. Weinfeld. II. Ausgabe 1922.
Der Außenhandel der tschechoslowakischen Republik im Jahre 1921. (Tschechoslowakische Statistik, Bd. III.)
Statistic Årsbok för Sverige 1923.
Board of Trade Journal 1923.
Commercial Yearbook 1923.
Gazetta Ufficiale 1923.
Handelsarchiv 1902, 1906, 1919—24.
Handelsverträge des Deutschen Reiches, Berlin 1900 u. 1915.
Monatliche Nachweise des auswärtigen Handels. Herausgegeben vom Statistischen Reichsamt: 1921, 1922, 1923, 1924/1913.
Zeitschrift für Schweizer Statistik und Volkswirtschaft. 57. Jahrg. 1921.

Fachzeitschriften:

Berichte aus den neuen Staaten 1922/23.
Echo des Mines 1913.
El Eco De las Aduanas 1924.
Internationale Rundschau der Arbeit 1923.
Iron Age 1923.
Labour Gazette 1921/22/23/24.
Londoner Economist 1923.
Labor Revue 1923.

Maschinenbau und Wirtschaft 1922/23/24.
Metallbörse 1922/23.
Revue de Métallurgie 1913.
Schriften des Vereins deutscher Maschinenbauanstalten:
    1. Zwanglose Mitteilungen 1914—22.
    2. V. d. M. A.-Blatt 1922/23/24.
    3. Zollblätter des V. d. M. A., Nr. 1—300.
Schwedische wirtschaftliche Rundschau 1923.
Technik und Wirtschaft 1914, 1923.
V. d. J. Nachrichten 1921/23/24.
Volkswirtschaftliches Bulletin des Außenhandelskommissariats der
    R. S. F. S. R. 1924. H. 1.
Wages Changes in various countries. June 1923.
Wirtschaft und Statistik 1923/24.
Außerdem: Handakten des V. d. M. A.

Zeitungen:

Berliner Tageblatt 1922/23.
Börsenzeitung 1922/23.
Deutsche Allgemeine Zeitung 1922/23/24.
Deutsche Bergwerkszeitung 1922/23/24.
Deutsche wirtschaftliche Rundschau 1924.
Die Ostwirtschaft 1923/24.
Frankfurter Zeitung 1922/23.
Hanomag-Nachrichten 1923.
Industrie- und Handelszeitung 1923/24.
Kruppsche Mitteilungen 1922/23.
Siemens-Mitteilungen 1922/23/24.

Abkürzungen.

    H. A. = Handelsarchiv.
    R. D. I. = Reichsverband der deutschen Industrie.
    V. D. I. = Verein Deutscher Ingenieure.
V. D. M. A. = Verein Deutscher Maschinenbauanstalten.
    Die übrigen Abkürzungen sind im Texte erläutert.

Die Reklame des Maschinenbaues. Von Georg v. Hanffstengel,
a. o. Professor an der Technischen Hochschule Charlottenburg. Mit zahlreichen, zum Teil farbigen Abbildungen. (VI u. 144 S.) 1923.
Gebunden 8 Goldmark / Gebunden 1.95 Dollar

Der Weg zum Käufer. Eine Theorie der praktischen Reklame. Von
Kurt Th. Friedlaender, Dr. jur. et rer. pol., Fabrikdirektor. Mit 108 Abbildungen im Text. (VIII u. 181 S.) 1923. Geb. 7 Goldmark / Geb. 1.70 Dollar

Die Umstellung auf Gold in der Selbstkosten- und Preisberechnung und in der Bilanzierung. (Goldrechnung
und Goldbilanz.) Von Otto Schulz-Mehrin, Ingenieur. Mit 3 Abbildungen im Text. (VI u. 97 S.) 1924. 2.40 Goldmark / 0.60 Dollar

Goldmark - Eröffnungsbilanz und Technik der Goldmarkbuchführung. Auf Grund der amtlichen Verordnungen (ein-
schließlich sämtlicher Durchführungsbestimmungen vom 28. März 1924) mit Beispielen für die Praxis dargestellt von Dr. Gustav Müller, Handelshochschuldiplominhaber, seit 1907 von der Handelskammer zu Magdeburg und für den Landgerichtsbezirk Magdeburg eidlich verpflichteter Büchersachverständiger und Gutachter. (58 S.) 1924. 2 Goldmark / 0.50 Dollar

Die Deckung der Valutarisiken im Warenhandel und die Buchführung über Valutatransaktionen mit einem Beispiel aus dem Überseehandel. Von Paul Ostertag. Mit etwa 7 Textabbildungen. Erscheint im Sommer 1924

Betriebswirtschaftliche Zeitfragen. Herausgegeben von der
Gesellschaft für wirtschaftliche Ausbildung E. V., Frankfurt a. M.

Erstes Heft: **Goldmarkbilanz.** Von Dr. **E. Schmalenbach,** Professor der Betriebswirtschaftslehre an der Universität Köln. Zweite, unveränderte Auflage. (IV u. 56 S.) 1923. 2 Goldmark / 0.50 Dollar

Zweites Heft: **Wirtschaftsunruhe und Bilanz.** Von Dr. **Erwin Geldmacher,** Privatdozent der Betriebswirtschaftslehre an der Universität Köln.

I. Teil: **Grundlagen und Technik der bilanzmäßigen Erfolgsrechnung.** Mit 15 Abbildungen. (IV u. 66 S.) 1923. 2.50 Goldmark / 0.60 Dollar

Drittes Heft: **Wirtschaftsunruhe und Bilanz.** Von Dr. **Erwin Geldmacher,** Privatdozent der Betriebswirtschaftslehre an der Universität Köln.

II. Teil: **Die bilanzmäßige Erfolgsrechnung in Zeiten gestörter Wirtschaftsentwicklung.** In Vorbereitung

Viertes Heft: **Goldkreditverkehr und Goldmark-Buchführung.** Von Dr. **W. Mahlberg,** Professor der Betriebswirtschaftslehre an der Handelshochschule Mannheim. Mit 12 Abbildungen. (IV u. 46 S.) 1923.
1.80 Goldmark / 0.45 Dollar

2. Serie: **Das Abrechnungswesen in der Fabrik.**

Fünftes Heft: **Die Verrechnungspreise in der Selbstkostenrechnung industrieller Betriebe.** Von Dr. **Theodor Beste,** Privatdozent der Betriebswirtschaftslehre a. d. Universität Köln. (68 S.) 1924. 3 Goldmark/0.75 Dollar

Sechstes Heft: **Industrielle Intensitätsmessung.** Von Dipl.-Ing. **W. Steinthal.** Mit etwa 26 Textabbildungen. Etwa 64 Seiten.
Erscheint im Sommer 1924

Erträgnisse deutscher Aktiengesellschaften vor und nach dem Kriege. Mit Überblick über die neueste Entwicklung. Von Dr. jur. et phil. Frhr. **Otto von Mering,** Privatdozent an der Handelshochschule Berlin. (V u. 149 S.) 1923.   5 Goldmark / 1.20 Dollar

Der Aufbau der Eisen- und eisenverarbeitenden Industrie-Konzerne Deutschlands. Ursachen, Formen und Wirkungen des Zusammenschlusses unter besonderer Berücksichtigung der Maschinen-Industrie. Von Dr.-Ing. **Arnold Troß.** (VIII u. 221 S.) 1923.
8 Goldmark / 1.95 Dollar

Zur Reform der Industriekartelle. Kritische Studien. Von Dr. **S. Tschierschky.** (VI u. 96 S.) 1921.   2.50 Goldmark / 0.60 Dollar

Taschenbuch für den Fabrikbetrieb. Bearbeitet von zahlreichen Fachleuten. Herausgegeben von Professor **H. Dubbel,** Ingenieur, Berlin. Mit 933 Textfiguren und 8 Tafeln. (VII u. 883 S.) 1923.
Gebunden 12 Goldmark / Gebunden 3 Dollar

Industriebetriebslehre. Die wirtschaftlich-technische Organisation des Industriebetriebes mit besonderer Berücksichtigung der Maschinenindustrie. Von Dr.-Ing. **E. Heidebroek,** Professor an der Techn. Hochschule Darmstadt. Mit 91 Textabbildungen und 3 Tafeln. (VI u. 285 S.) 1923.
Gebunden 17.50 Goldmark / Gebunden 4.20 Dollar

Organisation und Leitung technischer Betriebe. Allgemeine und spezielle Vorschläge. Von Ingenieur **Fritz Karsten,** Betriebsleiter. Mit 55 Formularen. (VI u. 163 S.) 1924.   4.20 Goldmark / 1 Dollar

Selbstverwaltung in Technik und Wirtschaft. Von Dr. **Otto Goebel,** o. Professor für Volkswirtschaftslehre an der Technischen Hochschule Hannover. (IV u. 105 S.) 1921.   2.50 Goldmark / 0.60 Dollar

Revision und Reorganisation industrieller Betriebe. Von Dr. **Felix Moral,** Zivilingenieur und beeidigter Sachverständiger. Zweite, verbesserte und vermehrte Auflage. (IX u. 138 S.) 1924.
3.60 Goldmark; gebunden 4.50 Goldmark / 0.90 Dollar; gebunden 1.10 Dollar

Die Taxation maschineller Anlagen. Von Dr. **Felix Moral,** Zivilingenieur und beeidigter Sachverständiger. Dritte, neubearbeitete und vermehrte Auflage. (IV u. 89 S.) 1922.
3.80 Goldmark; gebunden 5 Goldmark / 0.90 Dollar; gebunden 1.20 Dollar

Die Abschätzung des Wertes industrieller Unternehmungen. Von Dr. **Felix Moral,** Zivilingenieur und beeidigter Sachverständiger. Zweite, verbesserte und vermehrte Auflage. (VIII u. 160 S.) 1923. 4 Goldmark; gebunden 5 Goldmark / 0.95 Dollar; gebunden 1.20 Dollar